U0189880

　　食之至鲜，不过海珍。这里既有参鲍之尊，鱼贝之肥，虾蟹之美，又有海藻之清淡；既有悦目之色，沁脾之香，美舌之味，又有悦人雅兴之轶事佳话……

最值得珍藏的海洋文化丛书

Seafood Story

海珍食话

主 编/杨立敏

文稿编撰/张 琦

图片统筹/王丹妮

中国海洋大学出版社

·青岛·

人文海洋普及丛书

总主编 吴德星

顾 问

文圣常　中国科学院院士、著名物理海洋学家

管华诗　中国工程院院士、著名海洋药物学家

冯士筰　中国科学院院士、著名海洋环境学家

王曙光　国家海洋局原局长、中国海洋发展研究中心主任

编委会

主　任　吴德星　中国海洋大学校长

副主任　李华军　中国海洋大学副校长

　　　　杨立敏　中国海洋大学出版社社长

委　员　（以姓氏笔画为序）

　　　　丁剑玲　方百寿　白刚勋　曲金良　朱　柏　朱自强

　　　　刘宗寅　齐继光　纪丽真　李夕聪　李学伦　李建筑

　　　　徐永成　康建东　傅　刚　魏建功

总策划 李华军

执行策划

　　　　杨立敏　李建筑　李夕聪　朱　柏　纪丽真

普及海洋知识

迎接蓝色世纪

文圣常

二〇二一年三月

著名物理海洋学家、中国科学院资深院士文圣常题词

弘扬海洋文化　共享人文华章
——出版者的话

海潮涌动，传递着大海心底最深沉的呼唤；人海相依，演绎着人与海洋最炽热的情感。慢慢走过的岁月，仿佛是船儿在海面经过的划痕，转瞬间成为永恒。这里既有海洋的无限馈赠，更有人类铸就的恢弘而深远、博大而深邃的海洋文化。

为适应国家海洋发展战略需求，普及海洋知识，弘扬海洋文化，我社倾力打造并推出了这套"人文海洋普及丛书"，希望能为提高全民尤其是广大青少年的海洋意识作出应有贡献。

依托中国海洋大学鲜明的海洋学科和人才队伍优势，我社一直致力于海洋知识普及和海洋文化传播工作，这是我们自觉肩负起的社会责任，也是我们发自心底对海洋的挚爱，更是我们对未来海洋事业发展的蓝色畅想。2011年推出的"畅游海洋科普丛书"，在社会上产生了广泛而良好的影响，本丛书是我社为服务国家海洋事业献上的又一份厚礼。

本丛书共6个分册，以古往今来国内外体现人文海洋主题的研究成果和翔实资料为基础，多视角、多层次、全方位地介绍了海洋文化各领域的基础知识和经典案例及轶闻趣事。《海洋文学》带你走进中外写满大海的书屋，倾听作者笔下的海之思、海之诉；《海洋艺术》带你穿越艺术的历史长廊，领略海之韵、海之情；《海洋民俗》带你走进民间，走近海边百姓，一睹奇妙无穷的大千世界；《海珍食话》让你在领略海味之美的同时了解它们背后的文化故事；《海洋探索》引你搭乘探险考察之船，体验人类在海洋探索过程中的每一次心跳；《海洋旅游》为你呈现大海的逶迤风光，而海洋文化价值的深度挖掘更会令你把每一处风景铭刻在心……

本丛书以简约隽永的文字配以大量精美的图片，生动地展现了丰富的海洋文化，让你在阅读过程中享受视觉的盛宴。典型案例的提炼与基础知识的普及相结合，文化、历史、轶闻趣事熔于一炉，知识性与娱乐性融为一体，这是本丛书的主要特色。

为打造好这套丛书，中国海洋大学吴德星校长任总主编，率领专家团队精心创作；李华军副校长为总策划，为本丛书的出版出谋划策。90岁高龄的中国科学院资深院士、著名物理海洋学家文圣常先生亲笔题词：普及海洋知识，迎接蓝色世纪。本丛书各分册的主编均为相关领域的专家、学者，他们以强烈的社会责任感、严谨的治学精神、朴实而不失优美的文笔精心编撰，为丛书的成功出版奠定了牢固基础。

这是一套承载着人文情怀的丛书，她洋溢着海洋的气息，记录了人类与海洋的每一次邂逅，同时也凝聚了作者和出版工作者的真诚与执著。文化的魅力在于一种隽永的美感，一种不经意间受其浸染的魔力，饱览本丛书，你可能会有些许的感动，会有意想不到的收获……

热爱海洋，要从了解海洋开始。愿 "人文海洋普及丛书"能使读者朋友对海洋有更加深刻的认识，对海洋有更加炽热的爱！

海洋不仅孕育了生命、哺育了人类，也赐予了我们丰富的美食享受。譬如，参鲍之尊，鱼贝之肥，虾蟹之美，海藻之清淡。食不厌精，脍不厌细。古人早在《礼记》中就曾指出："饮食男女，人之大欲存焉。"

菜有色有香有味有名，色悦目，香悦脾，味悦舌，名则悦好文之士获取高雅的文化满足感。"醉翁之意不在酒，在乎山水之间也"，中国人饮食，讲究的是"人器境皆佳"。美食也不仅仅是美食，它还承续着千百年的文化内涵。这些内容，带给人"意在食外"的享受与满足。

"海鲜"重在"鲜"，也许对于真正的食客来说，海鲜食物最令人着迷的仍然是那股真实的海水味，丰腴、优雅又带着粗犷。任何吃法，都比不上生吃；任何佐料，都比不上海水天然的佐伴，来自海洋的"原味"才是最纯最高最隽永之味。海味的天然与精细需要我们以诚心对待，正如清朝美

食大家袁枚在《随园食单》中所言："至清之物，不可以油腻杂之；至文之物，不以武物串之。"如此看来，人类的饮食文化大有返璞归真之势了。

"海味"不难求，但谁能真正知其美，知其苦心，知其"个中滋味"？

海到无边天作岸，万味归一自无味。大味无味，正如人生。

Contents 目录

中国四大海鲜名品——鲍参翅肚 (001)

贡品之首——鲍鱼 …………………………………… 002

海中"人参"——海参 ……………………………… 006

珍馐美味——鱼翅 ………………………………… 010

海中"花胶"——鱼肚 ……………………………… 014

形态各异的海中明珠——贝类 (019)

物美价廉——蛤蜊 ………………………………… 020

秀色可餐——西施舌 ……………………………… 024

盘中"明珠"——海螺 ……………………………… 027

海中"牛奶"——牡蛎 ……………………………… 031

秀外慧中——扇贝 ………………………………… 035

海中"象鼻"——象拔蚌 …………………………… 039

"东海夫人"——贻贝 ……………………………… 042

貌丑味真——乌贼 ………………………………… 045

弹脆"柔鱼"——鱿鱼 ……………………………… 049

"魔术大师"——章鱼 ……………………………… 052

海中"兔子"——笔管鱼 …………………………… 056

鲜美年年有——鱼类 （059）

护肤佳品——石斑鱼 ···················· 060

温软细腻——鲳鱼 ···················· 064

胜过百味——河豚 ···················· 068

海中"刀客"——鲅鱼 ···················· 073

餐桌常客——黄花鱼 ···················· 078

大吉大利——加吉鱼 ···················· 082

欧洲"明星"——鳕鱼 ···················· 085

刺身极品——金枪鱼 ···················· 089

"落叶归根"——三文鱼 ···················· 093

名士"风骨"——鲈鱼 ···················· 097

秋日滋味——秋刀鱼 ···················· 101

身披铠甲的经典海鲜——虾蟹 （105）

海中"甘草"——虾 ···················· 106

肉美膏肥——螃蟹 ···················· 110

"铁甲勇士"——虾虎 ···················· 115

大海里的养生蔬菜——海藻 （119）

长寿海菜——紫菜 ···················· 120

海中"碘库"——海带 ···················· 124

海洋"琼脂"——石花菜 ···················· 128

"蓝色贵族"——海茸 ···················· 131

另类海珍美食——海蜇、海肠、燕窝 （133）

海中"洋伞"——海蜇 ···················· 134

"裸体海参"——海肠 ···················· 138

奇珍燕巢——燕窝 ···················· 142

中国四大海鲜名品

——鲍参翅肚

民以食为天，饮食是人类生活中永恒的主题，尤其在"钟鼓馔玉不足贵"的今天，吃饭已不仅仅是为了满足生理需要，而是越来越追求美食的文化之味了。

鲍鱼、海参、鱼翅、鱼肚这四味海鲜，号称"中国四大海鲜名品"。"金樽清酒斗十千，玉盘珍羞直万钱"，自古以来，它们是中餐里的极品、奢华的象征。随着社会的发展和人们生活水平的提高，它们已走进寻常百姓家。

贡品之首——鲍鱼

渐台人散长弓射，初啖鳆鱼人未识。

西陵衰老穗帐空，肯向北河亲馈食。

——北宋·苏轼《鳆鱼行》

　　鲍鱼不是鱼，而是海产贝类，原名"鳆鱼"，其外壳称石决明，是一味中药材。因其外壳扁而宽，形状有些像人的耳朵，所以也叫它"海耳"。

　　现代人重视鲍鱼，很大程度上是因为其具有很高的营养价值。传统中医认为，鲍鱼味咸性平，能养阴、平肝、固肾，尤以明目的功效大，故有"明目鱼"之称。

↓鲍鱼

鲍鱼的食文化

鲍鱼乃美味之王，自古以来，鲍鱼就在中国菜肴中占有唯我独尊的地位。《后汉书·伏湛传》中记载："张步遣使随隆，诣阙上书，献鳆鱼。"由此可见，鲍鱼在汉代就被列为贡品了。西汉末年新朝的建立者王莽，就很喜欢吃鲍鱼，《汉书·王莽传》载："王莽事将败，悉不下饭，唯饮酒，啖鲍鱼肝。"三国时代的枭雄曹操，也喜食鲍鱼。及至南宋，伟大的诗人苏东坡更在嗜吃鲍鱼之余，专门写下《鳆鱼行》盛赞鲍鱼。到清朝时，据说沿海各地大官朝见时，大都进贡鲍鱼：一品官员进贡一头鲍，七品官员进贡七头鲍，以此类推。前者的价格可能是后者的十几倍。

如今，鲍鱼经常出现在人民大会堂的国宴及大型宴会中，成为中国经典国宴菜品之一。

欧美国家的人们原来并没有吃鲍鱼的习惯。今日世界如此盛行吃鲍鱼，很大程度上缘于中国的饮食文化，是华人移民带动了全世界的"鲍鱼热"。

在中国，人们的"吃"早已超越了美食而蕴含着更深层的文化意味。以鲍鱼为例，其谐音也是其受青睐的原因之一。"鲍者包也，鱼者余也"，鲍鱼代表"包余"，以示包内有用之不尽的余钱。尤其在中国港澳台地区和东南亚一些国家，鲍鱼不但是馈赠亲朋好友的上等吉利礼品，而且也是宴请及逢年过节餐桌上的必备吉利菜之一。这也充分说明，重视食品的吉祥含义正是传

"鲍鱼"之香臭

《史记》载秦始皇在巡视东海的途中去世，为防内乱，丞相李斯秘不发丧，利用一石鲍鱼以乱其臭。《孔子家语·六本》中也有"如入鲍之肆，久而不闻其臭"的说法。"鲍鱼之肆"指卖咸鱼的地方，并用来比喻臭秽、恶劣的环境。这里的"鲍鱼"虽与如今的鲍鱼音形相同，意义却大相径庭。古时指的是咸鱼或者腌鱼，而非现今人们口中的鲜香美味。

↑秦始皇像

统饮食文化的题中之义。

天南海北的鲍鱼大餐

正如"樱桃好吃树难栽"一样，鲍鱼虽好吃，做起来却费工夫，人们在烹制鲍鱼时从来都是不厌其烦，并且形成了各地的特色。

◎ 扒原壳鲍鱼

扒原壳鲍鱼是山东的一道名菜。制作此菜需先把鲍鱼肉扒制成熟。"扒"是八种基本烹饪方法之一，将原料过水，整齐码放入盘再扣入炒锅，慢火入味，打芡后大翻勺，原料不散不烂。然后再装入原壳，使之保持原状。原壳置原味，再浇以芡汁，恰似鲍鱼潜游海底，造型美观，别有情趣。大诗人苏东坡曾挥毫题写过赞美的诗句："膳夫善治荐华堂，坐令雕俎生辉光。肉芝石耳不足数，醋笔鱼皮真倚墙。"

◎ 鲍鱼扣野鸭

鲍鱼扣野鸭是杭州名菜。鲍鱼洗净用上汤煨酥，野鸭加葱、姜蒸熟，切片后加入绍酒、精盐、味精、原鸭汤，用玻璃纸封口上屉蒸。绿蔬菜焯熟调味，围放在鲍鱼、野鸭的四周，将米汤芡淋在扣菜上即可。如今随着生活水平的提高，人们在吃上也越来越讲究。野鸭相比家鸭更绿色天然，而且其营养价值很高，江南一带常以之煨汤作为产妇或病后开胃增食的补品。

◎ 红煨鲍鱼

红煨鲍鱼与组庵鱼翅、龟羊汤一起被称为三大传统湘菜。红煨鲍鱼属于补虚养身食疗药膳之一，对改善症状很有帮助。湖南地处内

↑扒原壳鲍鱼

↑红煨鲍鱼

陆，早年交通不便，湘厨得不到鲜活海鲜，只能用干海味做菜，久而久之成就了湘厨擅烹干海味的绝活。"红煨鲍鱼"就承载着历代湘厨精烹海味的遗韵，其中心部分黏黏软软，入口时质感柔软极有韧度，这也是美食界所说的"糖心"效果。

◎ 鲍鱼银耳汤

↑鲍鱼银耳汤

鲍鱼银耳汤是福州美食。福州地处山海交接处，这里的人民以山珍、海味为主要原料，创造出许多流传至今的美味佳肴，鲍鱼银耳汤便是其中一例。鲍鱼银耳汤以新鲜鲍鱼、银耳为主要原料，制作时把鲍鱼洗净放入汤碗，上面铺放已用水泡过的银耳和红萝卜丝、瘦肉丁，渗入沸汤，调放鱼露、味精、老酒、香油，放入蒸笼旺火蒸20分钟，再入锅旺火煮，熟后香飘四邻，食后回味无穷。早在唐代，鲍鱼银耳汤就是福州沿海一带的酒席上品，每逢鲍鱼丰收季节，官家、民家宴请宾客，席上总要想方设法摆上一碗鲍鱼银耳汤，以示主人身价。

品尝鲍鱼的方法

用刀顺着鲍鱼纤维一切为二，再在其中一边一切为二，蘸少许鲍鱼汁，放进口中轻嚼，让牙齿多接触鲍鱼，使鲍鱼柔软的质感及浓香味发挥到淋漓尽致。若将半碗白米饭，连同营养丰富的美味鲍鱼汁一起拌食，则会有滋味无穷的感觉。此外，鲍鱼忌与鸡肉、野猪肉、牛肝同食。

海中"人参"——海参

预使井汤洗，迟才入鼎铛。禁犹宽北海，馔可佐南烹。
莫辨虫鱼族，休疑草木名。但将滋味补，勿药养余生。

——清·吴伟业《海参》

海中"人参"

海参，又名"海鼠"、"海男子"。它的外形呈圆筒状，颜色暗黑，浑身长满肉刺，实在不美观，可想而知第一个吃海参的人是需要勇气的，然后方能发现它的外拙内秀、貌丑味美。

别看海参其貌不扬，它可是与人参齐名的滋补食品。据《本草纲目拾遗》记载："海参，味甘咸，补肾，益精髓，摄小便，壮阳疗痿，其性温补，足敌人参。"

↓海参

"大器晚成"

海参是一种古老的动物，但把它作为美食的历史却很短。在中国，最早关于海参的记载出现在三国时期沈莹所著的《临海水土异物志》："土肉（海参）正黑，如小儿臂大，长五寸，中有腹，无口目。"但真正认识到海参的食用价值却是在明朝。明末姚可成的《食物本草》中说海参"功擅补益，肴品中之最珍贵者也"。

纵使如此，直至清朝初期海参入菜依然没有真正兴盛起来，在《红楼梦》令人眼花缭乱的山珍海味中，就没有海参。到了乾隆时期，大名鼎鼎的美食家袁枚在其《随园食单》中详细描述了海参的三种做法，从选料到工序都极其考究，足见他对这一菜品的喜爱与重视程度。大抵是从这时开始，海参菜以它独特的魅力迅速征服了饮食界，从沿海扩展到内陆各地，从皇家御膳普及到酒店饭庄，成为宴席上的"压轴"菜品。

1957年，四川川剧团到北京演出《王昭君》，临行前，创作了《死水微澜》的著名作家李劼人对剧组人员说："如果一炮打响，请你们吃海参宴。"结果演出大获成功，剧组果然摆了10桌海参宴。从这一则小小的故事中，我们不难看出海参受欢迎的程度。

海参争艳

如今，我国各地都创制了代表性的海参菜，它们各具特色，各有千秋，形成了"争艳"

神奇的海参

变色。海参身体颜色会随环境而变化，在岩石附近是棕色，在海草中则变成绿色。

再生。把海参切成几段扔进海里，每段仍有可能再生为一个完整的海参。

排脏逃生。海参遇到危险时，会把内脏吐出来，并借助排脏的反冲力逃生，不久便会长出新的内脏。

↓乾隆饮宴图

↑葱烧海参

↑海参捞饭

之势。以下撷取其中的四种，供读者品评。

◎ 葱烧海参

1983年，烹饪大师王义均先生带着一道"葱烧海参"登上了全国烹饪技术比赛的舞台。他选用胶东半岛的刺参、山东章丘的"葱王"，精心烹制，终于一炮打响，赢得了金奖，王义均本人亦在餐饮界获得了"海参王"的美誉。后来，这道"葱烧海参"经过不断改良，成为鲁菜的当家之菜、扛鼎之作，亦成为海参菜品之首。

◎ 海参捞饭

海参捞饭是粤菜海参的代表。广东同样是盛产海鲜之地，但广东人口味偏清淡，又喜食大米，在海参的烹调上自然有不同于北方的特色，"海参捞饭"就是一例。海参清香的味道和爽脆的口感，配以白米饭的绵软，是最适合不过的养胃佳品。

◎ 八宝海参

八宝海参是湖北宜昌的传统名菜。"八宝"即火腿、蹄筋、鸡肉、冬笋、虾米、香菇、莲子和荸荠。此菜用料丰富，大有包揽四方精华之势。传说，八月十五八仙来到人间游览胜景时，荆州一家酒楼的厨师用八味鲜料制成此菜请仙人品尝，故又名"八仙过海"。盛菜时若海参铺在上面，即为八宝海参；若海参垫底，则为"八仙过海"。

◎ 乌龙踏雪（海参小豆腐）

海参小豆腐虽然是家常菜，却有一个大雅之名——乌龙踏雪。海参有乌龙的矫健，小豆腐有雪的风姿，物性一温一火，两者搭配，无论是在外形还是营养上都可谓锦上添花，加上小白菜的绿意盎然，既有"白雪却嫌春色晚，故穿庭树作飞花"的诗意，又有"遥知小阁还斜照，羡煞乌龙卧锦菌"的韵味，可谓妙极。

↑乌龙踏雪（海参小豆腐）

菜中之龙

在菜品中，海参常被作为"龙"的代表，满汉全席第68道菜式"游龙戏凤"，第96道菜式"乌龙吐珠"，都是选用海参来作为龙的替身。

鲁菜传统菜中有一道大菜"全家福"，据说此名还是乾隆所赐。它选用海参作为主料，以干贝、鱼片、虾仁、火腿等作为辅料，海参的真味与高贵被凸显出来，并与其他食材的香味一起融入鸡汤之中，寓意着"满汉交融"的和谐，这其中的深意与妙处，自然令乾隆龙颜大悦。

↑乾隆皇帝像

珍馐美味——鱼翅

> （沙鱼）肉瘠而味薄，殊不美也。其腴乃在于鳍，背上腹下皆有之，名为鱼翅，货者珍之。
>
> ——清·郝懿行《记海错》

鱼翅，就是鲨鱼的鳍中的细丝状软骨，是用鲨鱼鳍加工而成的一种海产珍品。最初渔民出售鲨鱼时，将鱼鳍留下自己食用，后来发现鲨鱼鳍内含有胶状翅丝，而且口味甚美，远超过鲨鱼肉，鱼商遂收为商品出售，如此鱼翅才渐渐出现在宴席上。最早吃鱼翅的是渔民，始于明朝。

↓鱼翅

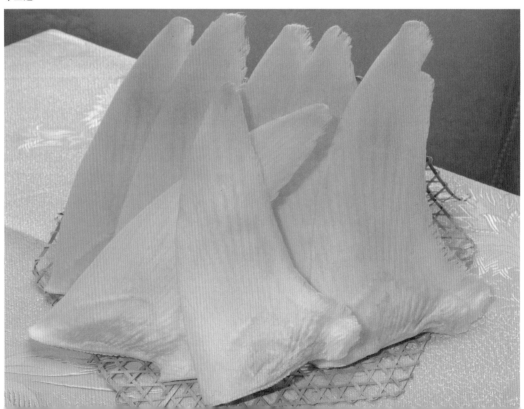

从宫廷走向民间

古人称鲨鱼为鲛鱼，也写作沙鱼，是海洋中的庞然大物，号称"海中狼"。明朝李时珍《本草纲目》记载："沙鱼……形并似鱼，青目赤颊，背上有鬣，腹下有翅，味并肥美，南人珍之。"可见，食用鱼翅起源于南方，但很快就传到北方，大凡宴会肴馔，设这一道菜方显尊贵。

清朝以后，鱼翅不但供应量明显增加，身价也与日俱增，官员们更是把它作为贡品进献给皇帝，补列为御膳。清代饮食大观《调鼎集》记载："鱼翅以金针菜、肉丝炖烂常食，和颜色，解忧郁，有益于人。"古代文学作品中也评价鱼翅为"珍馐美味"、"绝好下饭"。那时，鱼翅仅列入豪门饮食，寻常人家是可望而不可即的。

随着民众生活水平的提高，鱼翅已不再为少数人特享。当今人们视鱼翅为美味佳肴、滋补佳品，在四处饕餮盛宴的今天，它依旧是奢华的标志，于是出现了"鱼翅热"，中国更是目前世界上的鱼翅进口大国。

鱼翅的烹调方法

鱼翅本身并无鲜味，如果没有厨师的精心调制则无法下咽。因此，鱼翅因其繁复的烹调过程，常被厨师界用来衡量烹饪水平的标志之一，只有技艺高超的厨师才能制作出上佳的鱼翅菜肴。为此，厨师各显神通，不断推出新型的鱼翅菜品，可谓八仙过海，各显其能。

鱼翅的"断代"

据传明熹宗之后到清代中期前，无人敢吃鱼翅。因为熹宗年号天启，并且他喜欢吃鱼翅，明朝亡在他的手中，恰恰与唐代李白的诗句"明断自天启"相符；加之当时的民间习俗也认为吃鱼翅是不吉利的事情，会国破家亡、妻离子散、霉运连连，所以鱼翅被排除在"八珍"之外。自乾隆后，皇家才将鱼翅复列八珍之中。

↑熹宗皇帝像

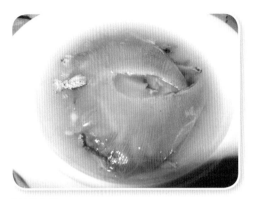

↑ 凤凰鱼翅

↑ 蟹黄鱼翅

↑ 木瓜鱼翅

◎ **凤凰鱼翅**

凤凰鱼翅是山东名菜，出自孔府，是曲阜最著名的特色菜品之一。相传，清朝乾隆年间鱼翅被当做贡品从国外流入中国时，御厨不知该如何炮制它，只得先把它泡软，刮去表面粗糙的"沙皮"。至于怎样煮才好吃也心中无数。于是心想："既然是好东西，那么跟好东西一块儿煮肯定错不了。"就把当时最为美味的鸡、火腿、牛肉等连同鱼翅一起放进锅里煮，结果端上桌后皇上大加赞赏。

◎ **蟹黄鱼翅**

蟹黄鱼翅系苏州传统名菜。"上有天堂，下有苏杭。"苏州善烹鱼翅席，用蟹黄和鱼翅相配烧烩成的蟹黄鱼翅，是海鲜珠联璧合的食中精品。黄色鱼翅点缀着蟹肉、蛋黄、葱花，绚丽夺目。鱼翅脆嫩，蟹黄蟹肉油润香糯，汤稠味鲜，营养丰富。此菜选用阳澄湖黄毛金爪清水大蟹，蟹黄鲜肥，鱼翅软糯，颜色黄润，味美醇厚。

◎ **木瓜鱼翅**

木瓜是抗病保健佳果，又称万寿瓜，果肉厚实，香气浓郁，甜美可口，其特有的木瓜酵素还能帮助滋润肌肤，排除毒素。木瓜、鱼翅合理搭配，翅浓瓜香，滋补、美容。木瓜鱼翅的做法相对简单，将木瓜切开去瓤，清洗干净，然后将发好的鱼翅放进木瓜待用，再将老鸡、瘦肉、瑶柱、火腿高温炖成高汤。把已炖好的高汤倒进木瓜里，将木瓜加盖，放进蒸柜里蒸约20分钟即可。

鱼翅引起的争议

近年来，许多关注动物及生态环境的团体与个人都在提倡"保护鲨鱼，拒吃鱼翅"。原因在于：其一，为了高价的鱼翅，每年约有1亿头鲨鱼被捕杀，食用鱼翅正使鲨鱼这一出现超过4亿年的古老物种遭遇灭绝之灾；其二，就营养成分来说，有很多可以替代的产品，几个鸡蛋所含蛋白质的量就与鱼翅所含蛋白质的量相当；其三，许多研究表明，由于海洋受到污染，使得鱼翅含有水银等对人体有害的物质。

值得一提的是，促使人们不忍吃鱼翅的很重要原因，也许在于获取鱼翅的残忍过程。由于鲨肉价值很低，为了保证有足够的空间存放价值更高的鱼翅，渔民割下鲨鱼的鳍之后便将鲨鱼抛回海中，这些鲨鱼会在海底挣扎数小时甚至数天后死亡。

鲨鱼保护者呼吁：没有消费，便没有杀戮！在某种意义上，鱼翅的味道不是来自本身的自然口味，而是来自"社会口味"，即社会所赋予鱼翅的含义。那么，不知道你有没有想过，人的虚荣心与一个物种的灭绝哪个更重要呢？而且，这个物种的灭绝还会导致海洋生态危机，最后遭受更大灾难的其实正是人类自己。不过，餐饮业内鱼翅的地位似乎难以撼动，许多酒楼仍把巨大的鱼翅展示在最醒目的地方以作标榜。

海中"花胶"——鱼肚

> 谁说的，四月廿六，宜嫁娶，忌远行？我除了一切苦痛、贫困与绝望，还可以拿什么，献给你？
>
> 把鱼鳔做成灯，做成太阳，或是什么也不做。细细追索，狠狠发亮。
>
> ——代雨映《情书》

↑ 鱼肚

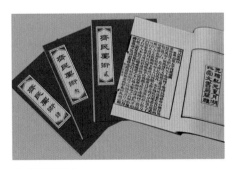

↑《齐民要术》

鱼肚，即鱼鳔、鱼胶，为鱼鳔干制而成，以富有胶质而著称，所以又被称为"花胶"，是我国传统的名贵食品之一。鱼鳔是鱼的沉浮器官，所以鱼肚还有个可爱的名字叫做"鱼泡泡"。鱼肚有黄鱼肚、回鱼肚、鳗鱼肚、鲨鱼肚、鲵子鱼肚等，以广东的"广肚"为最佳，福建的"毛鱼肚"成色较次于"广肚"，但也是佳品。

鱼肚香自辛苦来

四大海味"鲍参翅肚"中的"肚"所指的正是鱼肚，它自古以来就是珍品，身价不菲。中国人从鱼中剖摘鱼肚食用，可追溯至汉朝之前。1500多年前的《齐民要术》中就有关于鱼肚的记载。到了唐代，鱼肚已经被列为贡品进献给皇帝享用。从前在渔村，如果捕到黄唇鱼（就是现在制作高级花胶的金钱鳘）就要举村庆贺，分而食之，并将鱼鳔晒干，珍藏，以备急用。据说在新中国成立之初，洞头县北沙乡曾捕获一条重65千克的黄唇鱼，渔民将鱼鳔取出风干后，呈寄北京献给毛主席，而中央将其"完璧归赵"，并写信表示感谢。到了现在，普通鱼肚通常为每斤几百元至几千元不等，有些50年以上的鱼肚甚至能叫价每斤10万元左右。

鱼肚之所以贵重，与三个因素脱不了干系。第一，物以稀为贵。不是所有的鱼都有鳔，民间有"十斤鱼一两胶"的说法，往往几十斤重的鱼才有一个几两重的鱼肚。第二，名副其实。鱼肚营养价值相当高，从中医角度，花胶有很不错的食疗作用，它含有丰富的蛋白质、胶质等，有滋阴、固肾的功效，可以帮助人体迅速消除疲劳，对外科手术病人伤口的愈合也有帮助。对于鱼肚来说，越陈越好。从前在民间，老人家会留起一些陈年鱼肚，留待女儿或儿媳妇怀孕前后食用。第三，好事多磨。制作鱼肚的工艺非常复杂，要先把取出来的鱼肚浸软，去除油脂血筋，再晒干；有时还需要漂白，此后再让鱼肚在油里浸泡一天充分吸取油分，再油炸至鱼胶膨胀发大为止。除了油爆外，还有一种日本老字号坚持使用的传统"沙爆"：把鱼胶用沙粒在猛火里不断翻炒，炒出来的成品呈赤色，爽口弹牙。如此烦琐的工艺，可想而知其过程也非常辛苦。工人们在炎热的夏天，也要对着油锅工作10多个小时，不停翻炒，各种辛苦，全化作了鱼肚的真味。

> 鱼肚的品质鉴别非常简单，一般来说张大体厚、色泽明亮的为上品；张小体薄、色泽灰暗者为次品；色泽发黑者已变质，不可食用。

鱼肚雅吃

鱼肚富含胶原蛋白，但由于味较腥，本身又没有太强的鲜味，入菜取的是其质感，一般是用来做炖汤的材料，加强高汤的口感和黏稠度，品质好一些的才会用来做成菜肴。

◎ 红梅鱼肚

此菜选用鱼肚为主要原料，配以龙虾须，用蒸、烤两种方法制成，因制茸的大虾须成红梅状，故得其名。它需要刀工精细，讲究火候，是一道颇考验厨艺的菜品。此菜曾是辽宁省参加全国烹饪名师技术表演鉴定会的表演菜。

↑红梅鱼肚

↑鱼肚鳝鱼扣时蔬

↑金汤鱼肚

对于名菜来说，在技艺之外还需有意境，方能取胜。此菜虾饼红润，鱼肚雪白，两色两味，咸甜交融，美观悦目。正所谓"梅须逊雪三分白，雪却输梅一段香"。

◎ **鱼肚鳝鱼扣时蔬**

这道菜刚一出场就讨得满堂彩，花胶、鳝鱼和时蔬三种极美的口味混搭一起，既有传统粤菜的精髓，又具江浙菜的风情神韵，还有时蔬上点缀的蟹子粒，使此菜宛如精心妆点后的法式甜品。食客们最爱的还有它的咬嚼口感，弹盈爽口，心生醉意。鱼肚烹制前可用姜酒汤煨过，但切莫用葱叶，因为葱的绿叶会影响色泽的洁白。

◎ **金汤鱼肚**

这是一道典型的看起来简单实则大有乾坤的菜。用老鸡、排骨、瘦肉、鸡爪等大火煲8小时熬成高汤，然后在高汤中加入南瓜、鸡精、酱油，"金汤"就是这么做成的。将鱼肚放入炖锅，加入适量开水，炖上1~2小时。炖好后，汤水呈透明状，食之滑爽，才算极品。此汤色泽金黄诱人，口感咸鲜醇厚，食毕回味无穷，正可谓"清泉楼台宇，艳阳晒金汤"，喝此汤乃人生一大乐事也。

坛启荤香飘四邻，佛闻弃禅跳墙来——"佛跳墙"

"佛跳墙"是中国的一道传统名菜，"祖籍"福州，不但被视为福建地区的首席名菜，在中外食客的心目中也是鼎鼎大名。它包含海参、鲍鱼、鱼翅、干贝、鱼唇、花胶、蛏子、火腿、猪肚、羊肘、蹄尖、蹄筋、鸡脯、鸭脯、鸡肫、鸭肫、冬菇、冬笋等原料，可以说是集海味山珍之大成。

"佛跳墙"的烹制工艺十分繁复讲究，也许是为了借得酒香，几百年来，煨制"佛跳墙"的容器一直坚持选用绍兴酒坛。把种种原料按照本身的特色炮制成各种菜式，层层码放入酒坛并注入适量上汤和绍兴酒，再将坛口用荷叶密封。选用木质实沉又不冒烟的白炭，先武火烧沸，再文火慢煨五六个小时，方才大功告成。

↓ 佛跳墙

　　"佛跳墙"的盛名不仅仅由于其"阵容"的豪华，民间的种种传说也起了锦上添花的作用。

　　有人说"佛跳墙"原名"福寿全"，是清朝福州一官员为讨好上司，命其绍兴籍夫人亲自下厨制成，取"吉祥如意、福寿双全"之意。后来，衙厨在用料上加以改进，多用海鲜，少用肉类，使菜越发荤香四溢。一秀才尝后即兴吟诗一句："坛启荤香飘四邻，佛闻弃禅跳墙来。""佛跳墙"这一名字就取代"福寿全"而名扬四海了。

　　还有传言，"佛跳墙"其实是一道"应急之作"，有一新媳妇不擅厨艺，奈何被逼上灶台，情急之下把所有的菜一股脑儿倒进一个绍兴酒坛里，哪想却歪打正着得到好菜——"佛跳墙"。

　　"佛跳墙"的来由众说不一，有人专门对此考证了一番，又有了这样一种说法，此菜的发明者其实是一帮乞丐。他们把要来的酒菜放入破瓦罐中同煮，竟然烹制出奇香，被一饭铺老板偶然闻到，顿时受到启发，回店以多种原料杂烩于一瓮，配之以酒，创造了"佛跳墙"。

形态各异的海中明珠

——贝类

　　贝类不像参鲍燕翅那样价高难求。贝类"内外兼修"，不仅是餐桌上的美食，其色彩斑斓的贝壳有的还是药材，有的还可以制成精美的工艺品，留给人们关于大海的回忆。

　　有人说，贝类绝不是用来满足饥饿的胃，而是用来征服挑剔的嘴，吃贝类是为了"尝鲜"而非"果腹"。贝类本来就是海味里的天然味精，讲究的是那股天然的海水酝酿出来的鲜美之味。

物美价廉——蛤蜊

　　如果你来到青岛，青岛人会豪气地跟你说："走，请你吃蛤蜊、哈啤酒！"从这句洋溢着热情又自豪的话语中可以体会得到，吃蛤蜊定是件快事。

——题记

← 蛤蜊

　　蛤蜊味道鲜美，不像鲍鱼、鱼翅等海鲜那样价高难求，被青岛人骄傲地称为"百味之冠"。

　　蛤蜊是双壳类动物。可食的蛤类有文蛤、花蛤、斧蛤、圆蛤等，颜色有红、有白，也有紫黄、红紫不等。它们生活于浅海泥沙滩中，旧时每逢阴历的初一、十五落潮，沿海的渔民和市民纷纷去海滩挖掘这一海味来解馋，江苏民间更是有"吃了蛤蜊肉，百味都失灵"的说法。很早以前，渔民没有保鲜设备，卖不掉的蛤蜊很容易变质，于是就把蛤蜊煮熟后晒干制成蛤干，或者用很低廉的价格卖给城乡平民。历史上胶东半岛普遍有食用蛤蜊的习惯。

　　蛤蜊不仅物美价廉，营养也很全面。据《神农本草经疏》记载："蛤蜊其性滋润而助津液，故能润五脏、止消渴，开胃也。"此外，蛤蜊还被推荐为孕妇的极佳食物，因为蛤蜊中含有丰富的钙、铁、锌元素，可以减轻孕期不良反应，并且为胎儿供给优质的营养。

← 蛤蜊观音像

↑ 蛤蜊公主像

关于蛤蜊的传说

人们把蛤蜊看做海中的精灵，也赋予它许多美好的传说，寄托着喜爱之情。

传说东海龙王有个女儿名叫蛤蜊，长得花容月貌，又心地善良，被龙王视为掌上明珠，但蛤蜊公主羡慕人间的生活，经常偷偷上岸游玩。一日，一个叫庄郎的英俊小伙在打鱼时听到求救声，原来是觊觎公主美貌的海龟精偷偷尾随公主而来。庄郎打跑海龟精，并与蛤蜊公主互生情愫。但那海龟精逃回龙宫后恶人先告状，诬陷庄郎勾引公主。龙王大怒，颁御旨要水漫庄河两岸。蛤蜊公主怜悯两岸百姓，便用整个身体挡住波涛，任凭水击浪打，纹丝不动。大潮退了，灾难过去，庄郎来到河口，只见一只巨大的花蛤立在那里。看着那花纹颜色，与蛤蜊公主穿的衣裙一模一样，庄郎全然明白了。他流着泪来到了大花蛤身边，只见遍地都是小花蛤和海蛎子，还有沙蚬、白蚬、黄蚬、毛蚶等，这些都是蛤蜊公主的小姐妹，她们舍不得离开公主，便留在这里安家落户了。

此外，渔民中还有信奉"蛤蜊观音"的古老传统，这种信仰起源于唐朝。相传唐文宗爱吃蛤蜊，命沿海百姓月月进贡，渔民为完成进贡蛤蜊的数量，常要冒着生命危险下海去捕捞蛤蜊，就是台风季节也要照常出海，许多渔船有去无回，因此怨声四起。观音菩萨知道人间苦难后，便隐身于一只五彩大蛤蜊内，宫廷御厨用刀也撬不开，摔也摔不碎，便拿它作为奇物进献文宗。文宗手托蛤蜊，蛤蜊竟自动打开，还有阵阵仙气飘出，定睛一看，里面竟是一尊珍珠观音像。文宗大惊之余，忙下旨取消进贡蛤蜊。这样，渔民又过上了安居乐业的生活。为感念观音之恩，渔民们塑观音像于蛤蜊之中，敬奉为"蛤蜊观音"，以求护佑一帆风顺、渔业兴旺。

↑ 蛤蜊汤

↑ 炒蛤蜊

蛤蜊的"十八般"吃法

蛤蜊非常鲜，做法又简单，无论是炒、煮、拌、烤，还是包饺子、包包子，都很好吃。但要注意，蛤蜊是自然天成的海味，所以烹制时千万不要再加味精，也不宜多放盐，以免鲜味反失。

◎ **蛤蜊汤**

蛤蜊汤好喝的原因就在于其原汁原味，即蛤蜊浓郁的海鲜味。喝汤的时候，你仿佛可以感觉到从大海吹来的略带咸味的风。

蛤蜊汤的做法很简单，先选择鲜活的蛤蜊洗净外壳，放在淡盐水中让其吐出泥沙；然后将蛤蜊在适度开水中焯洗，捞出控水，取出蛤肉裹上面粉，放花生油、葱姜爆锅，将蛤肉放入煎炒，至两面稍黄后，加入焯蛤水；开锅后，放入湿淀粉，打入鸡蛋，加盐、味精、香油、韭菜段。这样，一锅香喷喷、热乎乎的蛤蜊汤就做成了。蛤蜊汤可加多种食材同制，不但风味各异，还可起到不同的保健效果。例如，冬瓜蛤蜊汤有去水肿的功能，是妇女孕期的理想汤品；紫菜蛤蜊汤能滋阴润肺，化痰止血；海带蛤蜊汤可以有效改善酸性体质，助人长寿……

山东现代诗人郭顺敏曾作《题海鲜蛤蜊汤》："有道潍人乐海天，汤无蛤蜊不成筵。面中先吮十分味，诗里犹存一碗鲜。"这首诗正说出蛤蜊老少咸宜、广受欢迎的特质。

◎ **炒蛤蜊**

最常见的是辣炒蛤蜊。锅中加入少许油烧到

三成热，放入姜片、蒜末炒香，然后放入蛤蜊，依次加入酱油、白糖、豆豉酱炒匀，直到蛤蜊变成酱色，在出锅前放入青红椒拌匀即可。青岛人还喜食韭菜炒蛤蜊，初春时节的韭菜品质最佳，食用有益于肝。人们吃起蛤蜊就停不了，常常不一会儿面前的蛤蜊壳就堆成了小山。

◎ **蒸蛤蜊**

蒸蛤蜊是健脑美容的冬季佳肴。瓷盘里放入丝瓜、姜片、大蒜，辣椒丝配色，加盐拌匀后上锅蒸，起锅前放入蛤蜊肉，撒上青葱花，淋上香油即可。这是一道别出心裁的菜品，还具有清热止咳化痰的功效。烹调时不需加过多的调味料，尽量以原味呈现。丝瓜的清香配上大蒜的浓香，再吸收蛤蜊的海鲜味，沁人心脾。

↓ 蛤蜊蒸蛋

蛤蜊蒸蛋也是一道营养全面的家常菜。制作时要注意，蛤蜊需事先在姜水中煮至微开以去腥。煮蛤蜊的汤水极其鲜美，要保留下来调鸡蛋液。蛤蜊含有蛋白质、维生素等多种成分，低热、低脂、高蛋白，和鸡蛋搭配，味道鲜美无比，尤其对于女性，是养生的佳品。

除了以上介绍的几款外，还有烤蛤蜊、蛤蜊粥、蛤蜊海鲜饭、蛤蜊土豆煎饼等做法，可以说，吃法多种多样。

秀色可餐——西施舌

我第一次吃西施舌是在青岛顺兴楼席上，一大碗清汤，浮着尖尖的白白的东西，初不知为何物，主人曰西施舌，含在口中有滑嫩柔软的感觉，尝试之下果然名不虚传。

——梁实秋《雅舍谈吃》

↑梁实秋像

梁实秋在1930~1934年寓居青岛期间，对西施舌特别倾心，日后也每每念及。无独有偶，著名作家郁达夫也是位美食家，他饱尝各地的风味小吃、美味佳肴，却唯独对西施舌情有独钟。在1936年所记的《饮食男女在福州》中，他就对西施舌大加赞美："色白而腴，味脆且鲜，以鸡汤煮得适宜，长圆的蚌肉实在是色香味俱佳的神品……正及蚌肉上市的时候，所有红烧、白煮，吃尽了几百个蚌肉，总算也是此生的豪举。"

那么，"西施舌"究竟为何物，何以有如此大的魅力令人念念不忘呢？

认识西施舌

西施舌，其实是一种名叫"沙蛤"的海产贝类。西施舌的外观呈小巧的三角扇形，外壳由顶端的紫色过渡到淡黄褐色，在风平浪静的时候常会张开双壳，吐出白嫩的肉，好像人的舌头，故而得名。

西施舌这一美名，不仅在于其外形，更源于其极高的营养和食用价值。它肉质白嫩肥厚、脆滑鲜美、

↑西施舌

香甜爽口，含有丰富的蛋白质、维生素、矿物质以及人体必需的氨基酸等营养成分，因而在海味中久负盛名。

书影史余中的西施舌

据说在唐朝以前，人们把各种海蛤统称为蛤蜊，直到宋朝人们才逐渐认识到西施舌独特的美味，将它从蛤蜊中分出来，当时还有诗歌咏之：

"吴王无处可招魂，惟有西施舌尚存。曾共君王醉长夜，至今犹得奉芳尊。"

说起西施舌的来历，民间还有一个传说。相传唐玄宗李隆基东游到崂山时，吩咐厨子用当地上好的海鲜做一道菜，于是厨师就用一种海蛤，精烹细调制作了一款汤菜，唐玄宗吃后拍案叫绝，赐名"西施舌"，从此西施舌身价与日俱增，成为贡品。

传说的有趣之处在于它常常不会只有一个版本。对于"西施舌"这样一个美丽的名字，还有一个更加凄丽的故事与之相配。话说春秋时期，越王勾践凭借西施用美人计灭掉吴国后，他的夫人唯恐西施红颜祸水使越国重蹈吴国的覆辙，于是暗中派人骗出西施，将石头绑在西施身上将她投入大海。西施死后化为沙蛤，期待有人找到她，吐出丁香小舌尽诉冤情。

传说终归是传说，"西施舌"这一雅号是否只是为了成全沙蛤的盛名而来，我们不得而知。中国人喜欢制造浪漫，从"吃"上就可窥见一斑。成语中有"秀色可餐"一说。对于西施舌，究竟是秀色可餐，还是餐如秀色，待读者自己去品味。

史料中的"西施舌"

《闽都疏》："海错出东四郡者，以西施舌为第一。"

《本草纲目拾遗》："据言介属之美，无过西施舌。"

《闽小纪》："画家有能品、逸品、神品，闽中海鲜'西施舌'当列神品。"

↑西施雕像

餐桌上的西施舌

◎ 汆西施舌

国宴有一道名菜"鸡汤汆海蚌"，所选海蚌正是"西施舌"。"汆"是鲁菜系的称法，也叫"汤爆"。其做法是先把"西施舌"切成片，放在滚沸的开水中白灼至七八成熟，然后放入碗中，再淋以用瑶柱和老母鸡炖成的滚沸的高汤，此菜清甜鲜美，细腻爽滑，有"天下第一鲜"的美名。

◎ 炒西施舌

炒西施舌是福建一道名菜，其做法是先将处理干净的西施舌放入热水中略汆一下，捞起后沥干水分放入碟内；将油烧热，放入芥菜叶柄、菇、冬笋片颠炒几下，随即倒入用白酱油、白糖、绍酒、芝麻油、上汤、味精、湿淀粉调好的卤汁，烧沸，待卤汁变得黏稠时，立即放入西施舌迅速颠炒几下出锅即可。

四大美女与美味佳肴

西施、王昭君、杨玉环、貂蝉被誉为中国历史上的四大美女。在中国菜肴中恰好也有以四大美女命名的四道美味佳肴，即西施舌、昭君鸭、贵妃鸡、貂蝉豆腐。

昭君鸭：据说，出身楚地的王昭君出塞和番后吃不惯面食，庖厨就将粉条与油面筋泡在一起用鸭汤煮之，甚合昭君之意，后来人们便用粉条、面筋与肥鸭烹调成菜，称为"昭君鸭"，一直流传至今。

贵妃鸡：其实就是清蒸整鸡。洁白的大瓷盆里，盛着热气腾腾的汤汁，中间躺着一只皮滑肉嫩的肥雏母鸡。

貂蝉豆腐：此菜又名"汉宫藏娇"或"泥鳅钻豆腐"，意在用豆腐的洁白来形容貂蝉的纯洁，以泥鳅的钻营来影射董卓的奸猾，为美食增添了文化韵味。

盘中"明珠"——海螺

小螺号滴滴滴吹，海鸥听了展翅飞；小螺号滴滴滴吹，浪花听了笑微微……

——题记

　　海螺又称海蠃、流螺、假猪螺、钉头螺，在我国的沿海均有分布，与陆地上的蜗牛是近亲。螺壳呈螺旋状，壳口内为杏红色，有珍珠光泽，可做工艺品。螺肉丰腴细腻，味道鲜美，素有"盘中明珠"的美誉。海螺还具有一定的食疗作用。在韩国，海螺汤是大病之后的复原汤；在日本，海螺也是最受欢迎的食品之一。

↑海螺

海螺姑娘的传说

很久很久以前，在海南岛的一个黎族村子里，住着一位叫阿龙的青年和他双目失明的母亲老阿婆。有一天，阿龙照常撒网、拉网，拉了三次，网里都只是同一只金色的海螺。阿龙把它带回家，并把当天的经历和母亲说了。老阿婆抚摸着海螺说："这是大海养育的宝贝，既然有缘就留下吧！"阿龙便把海螺放在缸里，用新鲜的海水养着。

第二天，阿龙照常出海打鱼，傍晚回到家里，却发现屋里收拾得干干净净，桌子上摆着热气腾腾的饭菜，阿龙和老阿婆都感到很奇怪。第三天，阿龙装作出海打鱼，去而复返，发现了正在提水做饭的海螺姑娘。海螺姑娘看中了阿龙的勤劳孝顺，不在乎阿龙家的贫苦，与他结为夫妻。从此，阿龙外出捕鱼，海螺姑娘在家侍奉老母，夫唱妇随，恩爱有加。

光阴似箭，转眼到了第三年，海螺姑娘突然变得心事重重，常常一个人面对大海发呆。在阿龙的再三追问下，海螺姑娘终于说出实情。原来三年前海螺姑娘随龙王敖顺到东海探亲，半路偷偷在这里停留下来。常言道"仙境三日，人间三年"，如今南海龙王就要回来了，为了不连累阿龙和乡亲们，海螺姑娘不得不回到龙宫。

海螺姑娘走时留下了一颗白色珠子，阿龙将其放入碗内用井水浸泡，轻唤三声"海螺姑娘"，水中会出现海螺姑娘的身影。阿龙赶紧让阿婆喝下那碗金色的井水，阿婆的双眼从此复见光明；阿龙用螺壳在地上敲三下，要瓜得瓜、要豆得豆。村中有人生病时，喝一碗井水就可以痊愈，后来此村成了有名的长寿村。百姓为了感谢海螺姑娘，就塑了一座雕像纪念她。据说，有缘人绕海螺姑娘的塑像右绕三圈，口念"海螺姑娘椰咪得咪"就能心想事成。

← 海螺姑娘雕像

推陈出新的海螺菜

海螺的吃法多种多样，可爆炒、烧汤，或水煮后佐以姜、醋、酱油食用。

◎ 油爆海螺

鲁菜是北方菜的代表，以清香、鲜嫩、味纯见长，油爆海螺就是其中的名菜。

油爆海螺是在山东传统名菜油爆双脆、油爆肚仁的基础上延续而来的，选用的是蓬莱沿海产的香螺，在明清年间就是流行于登州、福山的传统海味菜肴。此菜色泽洁白，质地脆嫩，入口鲜香，嚼劲儿十足，令人回味无穷。据史料记载，油爆海螺是孔府喜庆寿宴时常用的名菜，从汉初到清末，不少皇帝亲临曲阜孔府祭祀孔子，达官贵人、文人雅士前往孔府朝拜者更为众多。孔宴闻名四海，油爆海螺也随之名闻遐迩。

↑油爆海螺

◎ 凉拌海螺

海螺肉除了可爆炒之外，其实还有很多种吃法，既能品出螺肉鲜香，又能吃出不同风味，如凉拌海螺。这种吃法据说是厦门人发明的，很多人到了厦门，都会被推荐去吃这道菜。将海螺洗刷干净，放入开水锅中煮熟，取出螺肉切成片，然后将海螺片、香菜、盐、香油、醋、姜末等拌匀即成。做法虽然很简单，但味道却完全不同于平时吃到的螺肉的香味，有一种清甜爽口的感觉。海螺肉还能与黄瓜等拌在一起，螺肉被黄瓜特有的清香和爽脆一中和，清爽可口，令人惊喜。

↑凉拌海螺

◎ **鲜花椒炝鲜螺片**

　　鲜花椒炝螺片在胶东凉拌海螺的基础上，用四川的烹调技法制成，口味更加丰富。将螺肉洗净，切成薄片，入沸水焯熟待用，用葱油与花椒油将鲜花椒炝出味，入螺片拌匀即成，此菜色泽鲜艳，香味四溢。范仲淹有诗赞曰："石鼎斗茶浮乳白，海螺行酒滟波红。宴堂未尽嘉宾兴，移下秋光月色中。"

↑鲜花椒炝鲜螺片

海螺里真有大海的声音吗

　　"从海边给你带回一个海螺，让你听听海的声音"——这是一种浪漫的说法。科学的解释是：螺壳的形状是弯曲的，当你处在一个环境嘈杂的地方，这些声音会使螺壳里的空气振动，贴近耳边就仿佛听到海潮的声音。但当你在一个特别安静的环境里时，周围声音的音量很小，不能使螺壳里的空气振动，把螺壳贴在耳边也不会听到声音。

海中 "牛奶" ——牡蛎

> 我的父亲忽然看见两位先生在请两位打扮很漂亮的太太吃牡蛎……他们的吃法也很文雅，一方精致的手帕托着蛎壳，把嘴稍稍向前伸着，免得弄脏了衣服；然后嘴很快地微微一动就把汁水喝了进去，蛎壳就扔在海里。
>
> 在行驶着的海船上吃牡蛎，这件文雅的事毫无疑问打动了我父亲的心。他认为这是雅致高级的好派头儿，于是他走到我母亲和两位姐姐身边问道："你们要不要我请你们吃牡蛎？"
>
> ——法·莫泊桑《我的叔叔于勒》

法国作家莫泊桑的《我的叔叔于勒》为中国读者所熟知，许多人也是从其中知道了吃牡蛎是件"文雅的事"。在这篇文章沉重的现实感中，吃牡蛎是关键的转折之处，也是少有的令人身心愉悦之处，以至于在日后谈到牡蛎的时候，最先浮上脑海的依然是这篇文章。

牡蛎俗称蚝、生蚝，闽南语中称为蚵仔，别名蛎黄、海蛎子等，身体呈卵圆形，是生活在浅海泥沙中的双壳类软体动物。法国是世界上最著名的牡蛎生产国，中国所产的主要有近江牡蛎、长牡蛎和

牡蛎 →

牡蛎与珍珠

当沙粒、贝壳或寄生虫等外物侵入牡蛎的肌体时，为了减轻异物摩擦带来的痛苦，牡蛎会分泌出珍珠质将其层层包起来，形成珍珠。在自然状态下，一颗珍珠的形成通常需要5~10年的时间。但并非所有牡蛎都能用来产珍珠，食用牡蛎产生的珍珠无光泽，价值不高。只有少数东方的种类，特别是波斯湾珠母贝所产的珍珠质量最高。

↑拿破仑一世像

大连湾牡蛎三种。鲜牡蛎肉呈青白色，质地肥美细嫩，既是美味海珍，又能健肤美容、强身健体。牡蛎是含锌最多的天然食品之一，每天只要吃两三个牡蛎就能满足一个人全天所需的锌。不但如此，牡蛎的钙含量接近牛奶，铁含量是牛奶的21倍，被称为"海中牛奶"丝毫不为过。

名人眼中的牡蛎

西方称牡蛎为"神赐魔食"，对它的喜爱可以说达到了痴迷的地步。在《圣经》中，牡蛎是"海之神力"；在希腊传说中，牡蛎是代表爱的食物。许多名人也对牡蛎情有独钟，拿破仑一世在征战中喜爱食用牡蛎，据说这样能保持旺盛的战斗力；美国前总统艾森豪威尔生病后，每天要吃一盘牡蛎以加快康复；大文豪巴尔扎克一天能吃144个牡蛎……

中国同样有对牡蛎情有独钟的名人。唐代李白有"天上地下，牡蛎独尊"的题句；北宋年间，苏东坡被贬谪到海南，途经雷州半岛时曾尝过鲜蚝的美味，从此念念不忘，还写信给其弟苏辙说"无令朝中士大夫知，恐争谋南徙，以分其味"，这种孩子气似的独占心理，已足以说明牡蛎这种美食的魅力；南宋陆游有诗"同寮飞酒海，小吏擘蚝山"，大有东坡"日啖荔枝三百颗"之豪气；明朝李时珍所著的《本草纲目》中"四月南风起，江珧一上，可得数百，如蚌稍大，肉柱长寸许，白如珂雪，以鸡汁瀹食肥美，过火则味尽也"，说明那时候人们不但发现了牡蛎的"肥美"，连其烹饪之道"过火则味尽"也早已通过实践总结出来了；到了现代，著名的文人美食家郁达夫说："福州海味，在春二三月间，最流行而最肥美的要算来自长乐的蚌肉，与海滨一带的蛎房。"由此可见，牡蛎之美早已为古今中外的名人雅士慧眼识出，而他们的赞美更加赋予牡蛎以尊贵色彩，使其香名远播。

↑苏东坡像

牡蛎的熟食和生吃

牡蛎的熟食方法很多，而且世界各地也不乏新鲜做法。

◎ 炭烤牡蛎

炭烤牡蛎是比较流行的吃法，是用新鲜生蚝通过炭烤而成。只需将蒜蓉、姜末、酱等佐料放入刚刚撬开的生蚝内，直接放到火上烤熟即可。这样，既能保证生蚝的鲜味，又能去除蚝本身的腥味，增添了粗犷的野味感觉。

◎ 清蒸牡蛎

清蒸可保持牡蛎的原汁原味，也是最简单的一种烹饪方法。只需把牡蛎清洗干净，放锅里大火蒸至张开口即可，吃时最好蘸上少许米醋和姜汁。

◎ 炸蛎黄

炸蛎黄也是备受喜爱的一道菜品。把活的牡蛎撬开，扒出蛎肉，裹上面糊置热油锅里炸至外表微黄即可，吃的时候蘸上椒盐味道更佳。

↑炭烧牡蛎

↑炸蛎黄

↑牡蛎粥

↑牡蛎穷孩儿三明治

◎ 牡蛎火锅

中国大连喜食牡蛎火锅，用竹签将牡蛎肉串起来，放入沸汤滚一分钟左右取出，吃起来常常让人大呼过瘾。

◎ 牡蛎粥

牡蛎粥又叫蚝仔粥，是福建沿海一带居民非常爱吃的海鲜小吃，坚持喝还能增进气血、消除手脚冰凉的症状。

◎ 牡蛎穷孩儿三明治

这种有着奇怪名字的食物是用两片面包夹上油炸的牡蛎、西红柿和调料制成的，是三明治中真正的美味，在美国南部尤其是路易斯安那州非常有名。

即使吃法五花八门，如今吃牡蛎的人还是慢慢达成一个共识———牡蛎以生吃为佳。任何佐料，都比不上天然海水的佐伴，以蚝壳为盘、海水为料即可。如果担心有腥味，可以在牡蛎上滴几滴柠檬汁；若口味较重，还可用红酒、醋、薄荷、姜汁、鸡尾酒来锦上添花，但一切都以不破坏牡蛎本身的鲜美为准则。

没有生吃过牡蛎的食客，可以在每年7月去南非尼斯纳的牡蛎美食节，那里有着世界上最鲜美的生蚝。那可是不同于一般牡蛎的深海蚝，味道格外鲜美爽滑。刚打开的鲜活牡蛎，水分充足，肉汁饱满，将其痛快地吸入口中，柔滑鲜嫩，一种奇妙之感便会顺着你的胃升腾起来。也许对于真正的食客来说，牡蛎最令人着迷的乃是那股真实的海水味，这种味道丰腴、优雅又带着粗犷，非任何昂贵的海鲜大餐所能相比。

"蚝豉"与"好市"

蚝豉又叫蚝士，是一种极受欢迎的海味，由牡蛎生晒而成，将牡蛎肉直接晒干，可保持牡蛎的全味。在中国广东及香港，因为"蚝豉"的粤语说法和"好市"相似，因此被视为好彩头的食物。例如，"发财好市大利"，即是由发菜、蚝豉及猪舌煮成。

秀外慧中——扇贝

> 我这里是什么事也没有发生，不过前几天很阔了一通，将伏园的火腿用江瑶柱煮了一大锅，吃了。
>
> ——鲁迅《两地书·致许广平》

扇贝，是双壳类软体动物，因其壳形状好似一把扇子而得名。扇贝肉色洁白细嫩，味道鲜美，营养丰富。它们在大洋深处过着群居式生活，只有少部分生活在浅海。世界上出产的食用扇贝有60多个品种，中国几乎占了一半。在中国，捕捞野生扇贝主要在北方，以山东的东楮岛和长山岛两地最有名。20世纪70年代以来，野生扇贝的产量与日剧减，中国便在山东、辽宁沿海地区人工养殖扇贝。

↓扇贝

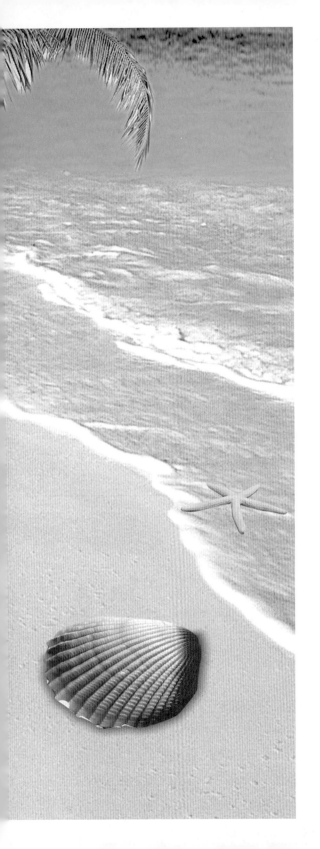

从原始社会开始人类就懂得采集扇贝作为食物，并把贝壳作为器皿。因为扇贝会大规模迁徙，所以北欧人称扇贝为"朝圣贴贝"。

象征爱情的紫贝壳

紫贝是扇贝的一个品种，外壳是紫红色的，有迷人的光泽和变幻的色彩，因为产量少而尤其珍贵。传说中紫贝壳象征着永恒的爱情，如果能得到紫贝壳，就会和自己相爱的人生生世世在一起。

有这样一个令人感动的传说。在很久很久以前，有一位王子到了结婚的年龄，国王和王后打算让他和从小青梅竹马的表妹成亲，王子不满父母强硬草率的安排，决心出走去寻找自己真正的幸福。他以身份和财富为交换条件与巫婆订了契约，巫婆交给他一只紫色的贝壳，并告诉他另外一只紫贝的拥有者就是他的爱人。

王子带上紫色贝壳去找寻心中完美无缺的爱情，一路上，有许多贪图富贵的女子拿着假的紫贝壳来找王子。但王子明白，真正的紫贝壳一旦把它们拼接起来后就会变成一个天衣无缝的心形。就这样，王子走了很远，从地中海走到爱琴海，从春天走到秋天再走到春天，直到有一天他走累了决定停下来歇一歇，看见身后一个浑身脏兮兮的女乞丐跟了上来。王子动了恻隐之心，想给这个乞丐几个银币。当乞丐抬起头来，王子惊讶地发现一颗紫色的贝壳赫然挂在她的脖子上，两个贝壳拼凑起来变成了一个完整的贝壳！而这个一路追随着她的女人就是她的表妹，原来真爱一直就在自己的身边，只是自己只顾着向前忘了回头看一看。紫贝壳不仅代表了完美的爱情，也包含了坚守和默默等待。

"多变"扇贝

无论是在东方还是西方的食谱中，扇贝都是一种极受欢迎的食物。通常，扇贝只取内敛肌作为食材。当你打开扇贝美丽的外壳，乳白色的扇贝柱犹如海洋中的"珍珠"被托在手中，鲜美芳香，散发着大海的味道。如果能用漂亮的扇贝壳作为菜肴的容器或者装饰，恐怕就更加能引起食欲了，不但饱了口福，也饱了眼福。

↑瑶柱（干贝）

在东西方的食谱中，扇贝是百变的。在欧洲，扇贝通常是用黄油煎熟后作为开胃菜食用，或者裹上面包粉一起炸，在食用时配以干白葡萄酒；在中国，广东人喜欢用扇贝煲汤喝；在日本，人们喜欢将扇贝配上寿司和生鱼片一起食用。

餐桌上的扇贝也是百变的，有时是盛在珊瑚红的贝壳里，有如胭脂白雪，美艳惊人；有时是和黑松露搭配，黑白分明；有时被切成半透明的宣纸一般的薄片，莹亮剔透。

◎ 蒜蓉粉丝蒸扇贝

蒜蓉粉丝蒸扇贝是一道很经典的海鲜菜。先把粉丝用水泡软，蒜、姜、葱切末加盐或适量的生抽拌在一起，然后将拌好的粉丝铺在贝肉上，加盖隔水蒸大约5分钟取出，淋上少许香油就大功告成了。扇贝的鲜香混合了蒜香、葱香，加上非常善于借味的粉丝，可谓色香味俱全，令人垂涎欲滴。

↑蒜蓉粉丝蒸扇贝

↑日式白酒焖扇贝

↑泰式扇贝

↑法式烤扇贝

◎ **日式白酒焖扇贝**

注重原味是日式料理的原则。除此之外还很讲究视觉享受，要求"色、香、味、器"四者的和谐统一。在这道菜中，要把荷兰芹的叶子和茎分开用。选一个比较深的锅，先把扇贝放进去，再依次放入圆葱、荷兰芹茎、蒜末、胡椒、柠檬汁、白酒、黄油，用中火煮，煮的过程中锅要经常摇动，等扇贝壳打开时，在上面均匀地撒入切碎的荷兰芹叶即可。如果讲究正统地道的味道，那么就要选用日本的"清酒"了，它的味道类似于中国的"黄酒"或者"小曲白酒"，闻起来有一股淡淡的米香味，回味悠长。

◎ **泰式扇贝**

泰国菜肴的特色在于香料和咖喱。把咖喱酱拌入清鸡汤与扇贝同煮，再以香茅、莱姆叶、椰奶配合在一起，给此道佳肴增添了浓郁的东南亚特色。用椰奶调味，既减弱了人们对浓稠的咖喱可能产生的不适应感，又添加了椰子的清香之气。如果想用泰式菜肴招待客人，此道菜可以与泰式椰奶蔬菜沙拉及米饭一起上桌。曾有人这样评价泰国菜：入口时酸酸甜甜，感觉就像"初恋"；咽下时辛辣爽口，正如"热恋"；回味悠长香浓，正如"婚姻"。如果想体验这种奇妙感觉，不妨尝试一下这道菜。

◎ **法式烤扇贝**

法式菜的特点是选料广泛，而且重视调味。在法式烤扇贝上可以体现出这些特点，胡萝卜、圆葱、大蒜末、鲜奶、盐、糖、黑胡椒、白酱等，光调料就令人眼花缭乱。烤制的扇贝肉质依然紧致鲜嫩有弹性，还能完美地去除海腥味，是很新鲜的开胃小品。

扇贝的天敌

扇贝的天敌是海星。海星吃扇贝的方法十分奇特，它会用自己的吸盘撬开扇贝壳，将自己的胃吐出来包裹住扇贝肉，在体外消化。有的海星一天可以吃掉十几只扇贝。扇贝为了保护自己不成为海星的腹中餐，会利用自己长长的中央横纹肌来拍动两片贝壳，在海中迅速推水前进，逃之夭夭。

海中"象鼻"——象拔蚌

在遥远的北太平洋深海，有一种古老而长相奇特的蚌类。在北美土族的语言里，它叫做"深深地挖"，因为这种蚌的"脚"在生长过程中不断地在淤泥里往下挖，长大以后，就埋在了海床深处，只有"脖子"在水里露个头。这就是"象拔蚌"。

——题记

相貌奇特的海中贵族

象拔蚌又称海笋，是一种海产贝类，学名太平洋潜泥蛤，又叫高雅海神蛤、皇帝蛤、女神蛤，从这些名称已不难看出它的尊贵地位。它有一条又大又多肉的虹管，伸展出来时形状宛如象拔一般，故被人们称作"象拔蚌"。象拔蚌肉质细嫩，味道清鲜，是亚洲人喜爱的高级海鲜。20世纪80年代中期开始，象拔蚌被运至中国内地，其价格不菲，几乎可以说是世界上最昂贵的蚌类产品。其实，中国的沿海也出产象拔蚌，只不过山东称作"滋"，江苏称作"麻壳蛏"，有些地方管它叫"象鼻子蛤"、"泥笋"、"海笋"等。

↓象拔蚌

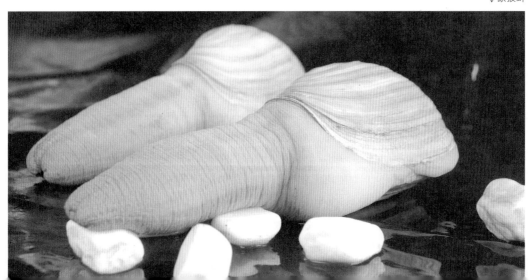

从默默无闻到声名大噪

象拔蚌的"家乡"在加拿大和美国的太平洋沿海。最初北美人并没有吃象拔蚌的习惯，因此它们生长繁殖得非常旺盛。据说是一个海军士兵在1960年改变了象拔蚌的命运。当时他潜水寻找一枚鱼雷，却意外在普吉特海湾发现了数量惊人的象拔蚌。在报告美国华盛顿州政府之后，政府批准开始商业采捕。捕捞出来的象拔蚌最初是向当地的餐馆出售，使人们逐渐认识到其美妙滋味，但真正使象拔蚌供不应求却是从出口到远东开始的，这也使最先参加采捕的美国人布赖恩·霍森由一名审计员变成了象拔蚌贸易"帝王"。20世纪70年代开始，象拔蚌成为日本人崇尚的高级海鲜。到了80年代，中国人也开始逐渐接触到象拔蚌并且一发不可收拾。从北美深海运出的象拔蚌贵在新鲜，在沿海海水污染严重的亚洲，新鲜海鲜本身就是一种奢侈品，消费者愿意出高价品尝，纵使价格贵得令人咋舌，也挡不住食客的热情。这种热情一度使象拔蚌数量锐减，变成珍稀的海产。1996年起中国东南沿海开始养殖。

象拔蚌的常见烹调方法

人们通常根据象拔蚌的生长环境把它们分成泥蚌和沙蚌两种。沙蚌比泥蚌的颜色要白嫩，用做食用的象拔蚌以杂质少无异味的沙蚌为上品。即使对于同一个象拔蚌来说，也是需要"分而食之"的。壳外那根肉管子叫做象拔，具有特别新鲜的口感和韧而脆的质地，通常用于生食；壳里部分叫做蚌胆，具有细腻的风味和柔软的质地，适合炒、嫩煎

象拔蚌的生吃法

同牡蛎一样，如今的食客已普遍认同生吃象拔蚌才是内行之选，熟食则是暴殄天物。生食象拔蚌有中、西、日式三种吃法。其中日式蘸芥末和豉油最为流行，因为芥末的辛辣更能彰显象拔蚌的原汁原味。注意不要把豉油和芥末搅混了再蘸，那样豉油芥末会裹住象拔蚌夺去原味。正确的程序是夹起一块象拔蚌放入浅碟中，用筷子尖蘸一点芥末抹在上面，对折夹起来蘸上豉油，放入口中后可以品出象拔蚌、豉油和芥末三种味道的丰富层次感。

或做汤。象拔蚌的吃法很多，但爆炒、油焖等"大刑伺候"对于这种"天生丽质"的珍馐来说都是不适用的，所以烹制象拔蚌时火候宁欠勿过，调味也宜清淡，以突出其本色。

◎ **象拔蚌刺身**

象拔蚌刺身是与龙虾刺身齐名的粤菜海鲜刺身，这是吃象拔蚌最经典的菜式。可以说，越是名贵的食材制作起来越简单，只需将象拔切成薄片，铺在冰块上，再佐以青芥辣和日本万字酱油或生抽调和小料即可。切好的蚌肉边缘呈波浪状，像一只只淡黄色的耳朵，咬下去如蹄筋软骨一般生脆，但却比任何蹄筋都要柔嫩，柔中带爽，鲜美如牡蛎或有过之。真正肥美的象拔蚌，肉会微带贝类脂肪的黄色，吃到嘴里会有象拔蚌特有的清新、细嫩和鲜味。刺身的吃法最能体现出这种美妙的口感。

↑象拔蚌刺身

◎ **蚌胆滚白粥**

将白粥熬煮到滚稠，米粒软透，加入象拔蚌尾部肉片和姜汁葱末。由于象拔蚌烹调之后很快就会变硬，所以不宜久煮，加点盐调味后就可以迅速起锅了，再加上香菜、葱花和胡椒粉，滴点香麻油即成。可以说，蚌胆滚白粥是营养丰富的早餐。

除了以上两种简单的做法外，还有一些相对复杂又别出心裁的做法。例如，川式的红汤象拔蚌，将红汤蚌肉淋在锅巴上，红白绿相间，酸辣鲜味美，脆嫩爽口；粤式的上汤过桥象拔蚌，在上汤翻滚的锅里放入金针菇、香菇等配料，把切好的象拔蚌像涮羊肉一样烫了来吃，既可口暖胃，又能满足那些不习惯吃生食的人士；韩式的酱泡象拔蚌，与细面条同食，鲜美可口。

↑蚌胆滚白粥

"东海夫人"——贻贝

东海夫人，生东南海中，似珠母，一头尖，中御少毛，味甘美，南人好食之。

——唐·陈藏器《本草拾遗》

贻贝是双壳类软体动物，外壳呈青黑褐色，生活在海滨岩石上，以北欧、北美数量最多，在中国沿海也十分常见。退潮期间，海岸岩石上常可以见到密集的贻贝。常见的品种有紫贻贝和翡翠贻贝。紫褐色壳子的就是紫贻贝，壳子带有鲜艳绿色边缘的就叫做翡翠贻贝。

贻贝在北方称海红。在南方，人们习惯于将贝肉挖出，煮熟晒干食用，因煮制时没有加盐，故称淡菜。它是驰名中外的海产珍品，肉味鲜美，营养价值高于一般的贝类和鱼、虾、肉等，对促进新陈代谢、保证大脑和身体活动的营养供给具有积极的作用，其干品的蛋白质含量达59%，因此有人把贻贝称为"海中鸡蛋"。

↓贻贝

据《本草纲目》记载，贻贝有治疗虚劳伤惫、精血衰少、吐血久痢、肠鸣腰痛等的功能。明代医家倪朱谟对贻贝的功效尤为赞叹："淡菜，补虚养肾之药也。"可见，它的确是一味极佳的药食两用之物。不过，根据《医学入门》所言："须多食乃见功。"要实现贻贝的药用价值，不可浅尝而止，需要经常吃才有效果。

↑岩石贻贝

"东海夫人"

贻贝因其干品"淡以味，壳以形，夫人以似名也"，所以明朝李时珍赋予它一个"东海夫人"的美名，而它也果真名不虚传。

早在西汉初年，中国最早的一部解释词义的专著《尔雅》中就有了贻贝的名字。到了唐代，福建居民已有采集贻贝作为佳肴的习俗，其干品也已成为贡品，《新唐书·孔戣传》就有"岁贡淡菜、蛤蚶之属"的记载。到了清代，贻贝甚至一度成为海八珍之一。可见，人们对贻贝的食用价值愈来愈重视。

每年春夏之交是贻贝的繁殖期。这时候的贻贝个个肥嫩多汁，而且价格特别便宜，会过日子的家庭主妇常会买上一盆回家打牙祭。

人们对于"东海夫人"的喜爱之情在浙江嵊泗岛上得到了升华，那里有专为它举行的盛大节日——嵊泗贻贝文化节。那是嵊泗岛上最大的节庆活动，在一两个月的时间里，你可以在"嵊泗海鲜推介会"、"万名游客品贻贝"、"贻贝烹饪大赛"等系列活动中尽情穿梭，领会浓郁的渔乡风情汇演，那里的沙滩音乐风暴、狂欢派对、另类表演、休闲度假、体育运动等也是精彩纷呈。

贻贝一般固着在岩石上，但有的也固着在浮筒或船底上面，因此浮筒会因增加重量而下沉，船只也会因增加重量和阻力而大大影响航行的速度。为了防止贻贝危害，人们不得不设法在船底涂上防污漆，让贻贝的幼体无法附着。

↑嵊泗贻贝文化节LOGO

↑贻贝皮蛋粥

↑烧镶贻贝

从早到晚，贻贝相伴

贻贝含有较高的蛋白质、碘、钙和铁，而脂肪含量较少，不宜单独做菜，而适合与其他食材一起烹制，以互相调剂补充。由于其味鲜美，对人体多有裨益，因此不妨常吃。下面分别介绍适合早中晚餐的三款贻贝菜。

◎ 贻贝皮蛋粥

早上起来，煮一碗贻贝皮蛋粥，是新的一天的良好开始。将粳米加适量清水煮，待粥滚时加入洗净的贻贝同煮，粥煮好后放入切碎的皮蛋，稍滚，加盐调味即可。待香浓滚烫的肉粥滑入辘辘饥肠，那种满足感会使得你一天精神饱满。注意在食用前应将贻贝干放入碗中，加入热水烫至发松回软，捞出摘去贻贝中心带毛的黑色肠胃，褪去沙粒。

◎ 烧镶贻贝

午餐要丰盛，烧镶贻贝是鲁菜菜系中很有特色的菜式之一。对于贻贝的处理，民间通常只是在清水内洗净，然后放入锅中炖烂即食。和民间简朴的食法比较，这道贝肴就讲究得多了：将熟贝肉的肉缝里抹上由海参、鲜鸡肉、香菇等调和的馅，再用鲜鱼肉片卷起来，挂上蛋黄糊炸熟。用料考究，制作精美，深得食客青睐。

◎ 贻贝茼蒿汤

晚餐宜清淡，这道贻贝茼蒿汤可以除去一天的油腻，让你有一个清香的夜晚。将鸡蛋取蛋清，搅打起泡；茼蒿去根洗净，贻贝洗净。锅中放适量清水，几分钟后放入贻贝、茼蒿，煮沸后淋入鸡蛋清稍煮，加盐调味即可。茼蒿清香，贻贝肉嫩滑，其味道不亚于虾米汤。

貌丑味真——乌贼

> 海若有丑鱼，乌图有乌贼。腹膏为饭囊，鬲冒贮饮墨。出没上下波，厌饫吴越食。烂肠来雕蚶，随贡入中国。中国舍肥羊，啖此亦不惑。
>
> ——宋·梅尧臣《乌贼鱼》

乌贼全身是宝

乌贼是一种软体动物。因为它体内有墨腺，在紧急情况下会放出黑色的"烟幕"来自卫，故被称为墨鱼或墨斗鱼，但是并不属于鱼类。墨鱼含有多种维生素及钙、磷、铁等人体所必需的物质，是一种高蛋白低脂肪滋补食品。它还是一种食疗佳品，如清炖墨鱼干是熬夜的食疗佳方，墨鱼炖猪肚是月子餐的首选，墨鱼干和绿豆煨汤食用可明目降火等，实在是海洋奉献给人类的一味美食。

乌贼不是"贼"

乌贼并没有干过什么偷盗之事，相反，它的食疗及药用价值却大大有益于人类。这样说来，把它称为"贼"真是天大的冤枉。

那么，墨鱼或者乌贼这个名字到底是怎么来的呢？南宋著名诗人杨万里曾特地为墨鱼写过一首诗："秦帝东巡渡浙江，中流风紧坠书囊。至今收得磨残墨，犹带宫车载鲍香。"此诗意为

↓墨鱼

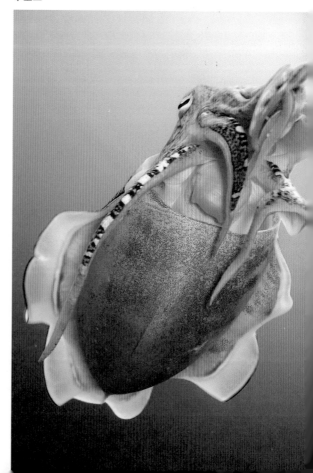

墨鱼益女士

墨鱼对于女士来说是一种颇为理想的保健食品，女士经、孕、产、乳各期，食用墨鱼皆为有益。

《本草求真》中记载乌贼"入肝补血，入肾滋水强志"，说的就是其补血滋阴的功效。李时珍称墨鱼为"血分药"，是治疗妇女贫血、血虚经闭的良药。中医古籍《随息居饮食谱》说它"疗口咸，滋肝肾，补血脉，理奇经，愈崩淋，利胎产，调经带，疗疝瘕，最益妇人"。

墨鱼本为秦始皇坠入海中的书囊，即使到现在，还带有墨香之气呢。

据唐代段成式所撰的笔记小说集《酉阳杂俎》记载："乌贼，旧说河名伯度小吏，海人言秦始皇东游，弃算袋于海，化为此鱼，形如袋，两带相长。"秦始皇为何会把"算袋"弃于海中呢？传说海神曾托梦给秦始皇，约定东海会面，但是不准画其神像。秦始皇手下的一个画师还是忍不住悄悄带了纸墨，后来被海神识破，大怒，冲杀秦始皇及随从。慌乱中，秦始皇把带来辟邪用的算袋丢在大海，画师泼墨于袋中，遂化为墨鱼，神出鬼没于大海中。一遇强敌，它就鼓腹喷出墨汁把水搅黑，趁机逃之夭夭，故后人又称墨鱼为乌贼。

家家墨鱼饭

宋代诗人晁说之曾有诗云："乌贼家家饭，槽船面面风。"可见，墨鱼早已走上千家万户的餐桌，成为渔民的家常菜。而今，墨鱼不再困于大海，而是深入内陆，大放异彩。

↑墨鱼水饺

◎ **墨鱼水饺**

墨鱼饺子从馅到皮，都取自胶东半岛渔家主妇传统的制作工艺，是当地渔家饮食文化的代表性美食。初次看到这种漆黑发亮的饺子，你的心里是不是有些诧异？细品一下你会发现：糯而挺拔的饺子中有一种厚实的劲道感，口感饱满，味道鲜嫩，温暖柔滑。墨鱼汁均匀融入面里，可称得上是匠心独运的特色美食。

◎ **墨鱼丸**

墨鱼丸也称"花枝丸"，墨鱼丸味道鲜美，多吃不腻，可做点心配料，又可做汤，是沿海人们不可少的海味佳肴。色泽洁白、富有弹性、入口爽脆的墨鱼丸，具有滋补健胃、利水消肿、通乳、清热解毒、止嗽下气的功效，是鱼丸中的上品。

↑墨鱼丸

◎ **泡椒墨鱼仔**

墨鱼仔指的是比较小的墨鱼，泡椒的味融入墨鱼仔里面，能够刺激你的每一根味蕾。成菜红白分明，赏心悦目，能健脾开胃，益气祛湿。

◎ **烩乌鸟蛋**

乌鸟蛋也叫墨鱼蛋，但它并不是墨鱼所产的蛋，而是由其缠卵腺加工制成。"乌鸟蛋"是传统山珍海味中的佳品，属于珍馐异味，是

↑泡椒墨鱼仔

↑烩乌鸟蛋

传统鲁菜的"下八珍"之一。梁实秋在《雅舍谈吃》中提及"有一年在青岛顺兴楼上饮宴，上了这样一碗羹，皆夸味美"，说的就是这道菜。

◎ 桃仁煲墨鱼

墨鱼味咸性温，桃仁味苦甘平，两物搭配，有活血祛淤、滋阴养血的功效。据《陆川本草》记载，"乌贼鱼合桃仁煮食"，可以"治妇人经闭"。乌贼补益精气、收敛止血、美肤乌发、除斑消皱，可做早餐食之。

墨鱼汁海鲜饭

据说数百年前，西班牙的"无敌舰队"在征战中南美洲时，用来做海鲜饭的黄色花粉用完了，于是炊事员临时用原本准备扔掉的墨鱼汁来代替。没想到这盘"色相"不佳的黑色海鲜饭味道居然非常鲜美，被士兵们一扫而光，炊事员也因此受到嘉奖。从那以后，墨鱼汁海鲜饭不仅写进了西班牙的传统菜谱中，还经过各地厨师的改良变得更加受人青睐，成了西班牙美食中的一道亮丽风景。

弹脆"柔鱼"——鱿鱼

> "炒鱿鱼"的滋味，人人都不喜欢。吃鱿鱼的鲜味，人人却无法阻挡。
>
> ——题记

鱿鱼，虽然习惯上称它为"鱼"，但它并不属于鱼类，而是生活在海洋中的软体动物。鱿鱼在我国宋代才见记述："一种柔鱼，与乌贼相似，但无骨耳。"它们的身体呈圆锥形，头大，颜色苍白而有淡褐色斑点。目前市场看到的鱿鱼有两种：一种躯干较肥大，叫"枪乌贼"；一种细长，叫"柔鱼"。鱿鱼的脂肪含量极低，仅为一般肉类的4%左右，因此热量也远远低于肉类食品，对怕胖的人来说，吃鱿鱼是一种不错的选择。

↑鱿鱼

鱿鱼之王

生活在深海的巨型鱿鱼是世界上最大的无脊椎动物，但巨大的身躯并不能让它们在海里所向无敌；相反，它们却是抹香鲸最喜爱的食物。人们很少见到活的巨型鱿鱼，所见到的都是来自渔民的拖网中的死鱿鱼。它们神出鬼没，充满神秘色彩；它们有进化完善的大眼睛，视力相当好；它们是不挑剔的食肉动物，几乎什么都往肚里塞。传说中，它们是海中巨怪的化身，大而凶猛，能轻易地用"胳膊"打坏船只，还会把人的身体撕成两半，然后吃到肚里。1854年，一位

鱿鱼喜群聚，夜晚喜光，尤其在春夏季交配产卵期，通常由两三只体型较大的雄鱿鱼带头"聚众集会"。故沿海渔民捕捉时，只需用汽灯光引诱它们浮上水面，再用网迅速从后堵住其逃走方向，就能轻易将其捕捉。

↑鱿鱼之王

↑鱿鱼面

↑水煮鱿鱼

丹麦教授，把有关海怪的各种传说和古代图片综合在一起后断定，这些海怪就是巨大的鱿鱼，并为它起了个学名"大王鱿鱼"。大王鱿鱼也成了恐怖故事的素材，凡尔纳在他著名的《海底两万里》中，就让"鹦鹉螺"号和巨型鱿鱼展开了一场恶战。

家常鱿鱼的烹调方法

鱿鱼作为一种美食历来深受人们的喜爱，也有多种吃法，什么炝爆鱿鱼卷、铁板烧鱿鱼、翡翠鱿鱼、麻辣鱿鱼等，花样百出，甚至在街头的烧烤摊上，烤鱿鱼是最受欢迎的烧烤品种之一。

◎ **鱿鱼面**

吃碗海鲜面并不像吃碗鸡蛋挂面那样是一件平常的事，鱿鱼的滋味在面条顺着喉咙往下滑时逐渐扩散，吃起来不仅有美食的刺激，还有平凡生活的实实在在的幸福味。面条滑溜，汤汁浓稠，铺上鱿鱼和香菌，撒上小葱花，咀嚼鱿鱼时"咔嚓咔嚓"且富有弹性，可成为你每个周末懒床之后起来最想吃的东西。

◎ **水煮鱿鱼**

水煮鱿鱼，不是我们一般见的那种水煮鱼的油煮，是类似水煮肉的红汤，抛弃了繁复的油盐酱醋，回归本真，自有浑然天成之美。辣味很温润，配海鲜刚刚好，鱿鱼圈新鲜弹牙，配辣更觉其鲜嫩。吃到嘴唇麻了，心也醉了。还可以试试海边人惯常的食法——清水鱿鱼配甜酱油，味道绝对不一般。

◎ 麦穗鱿鱼

麦穗鱿鱼是湖南的一道传统名菜，也是一道很著名的刀工菜。鱿鱼经过细致刀工，形似麦穗，故名。怎么改花刀呢？在食材表面上用刀划一些有相当深度的刀痕，使其经过加热后蜷曲成美丽的卷状。鱿鱼改花刀时技术要求很高，一是用力要均匀，二是刀痕要整齐，这样经油爆后，才能蜷成麦穗形。成菜后造型美观，芡汁油亮，爽脆鲜美，酸辣突出，味形俱佳。

↑ 麦穗鱿鱼

◎ 韩式辣炒鱿鱼

辣炒鱿鱼是韩国家庭餐桌上很受欢迎的一道家常菜，辣中带甜，极宜下饭，可称得上"韩餐中的米饭杀手"。因为鱿鱼很容易炒老，所以要大火快炒才能保持其鲜嫩的口感。韩式辣椒酱虽然颜色看起来很火爆，但你可别被它吓住，其实辣味还算温和，而且香辣的滋味在寒冷的季节更能给人安慰，暖心暖胃。

↑ 韩式辣炒鱿鱼

"炒鱿鱼"的由来

现在，我们常常听到用"炒鱿鱼"这个词来形容员工被老板辞退。"鱿鱼"与"开除"，这两者之间似乎没有必然的联系，那么又是怎么被联系到一起的呢？

从前离乡背井的打工仔，被褥都是自带的，若是被老板开除，只好卷起铺盖，另谋出路。但是被解雇的人对于"开除"和"解雇"这类词十分敏感，觉得它太刺耳，于是有些人便用"卷铺盖"来代替。恰好广州有一道男女老幼都喜欢吃的菜"炒鱿鱼"。在烹炒鱿鱼时，鱿鱼会慢慢自动卷成圆筒状，正好像铺盖卷起来的模样。于是，人们从中得到启发，用"炒鱿鱼"表示卷铺盖，代替了"开除"、"解雇"等词。

"魔术大师"——章鱼

> 邦人市海鲜，别为厨馆，则有鲨鱼之翅，海蛇之皮，章举、马甲。
>
> ——清·王闿运《到广州与妇书》

19世纪初，一艘轮船载着为日本皇室搜罗的高丽珍贵瓷器在日本海沉没了。100多年间，尽管人们清楚地知道沉船的地点，可是最好的潜水员也无法潜到这么深的地方。后来有几位渔民想出了一个绝妙的点子，他们从海里请来了一些"好帮手"，将它们拴上长绳子放到沉船处。这些"小家伙"沉到海底，一旦发现陶瓷器皿就纷纷钻进去，任凭人们怎么拉也不放"手"。于是就这样，沉船里的贵重瓷器一件一件地被这些执著的"打捞工"打捞了上来。

这种喜欢钻瓶子的生物就是大名鼎鼎的章鱼，你或许知道它们的神奇本领，但你不一定知道它们作为人类美食的历史。

↑ 章鱼

瓶子里的囚徒

章鱼可以长到很大，但是它的身体却永远那么柔软，柔软到几乎可以将自己塞进任何它想去的地方。因为没有脊椎，它甚至可以穿过一个银币大小的洞。这是它的一个优点，却也是它的弱点，渔民就利用章鱼这一弱点诱捕它。渔民们把小瓶子用绳子串在一起沉到海底，章鱼见到了小瓶子会争先恐后地往里钻，无论瓶子多么小、多么窄。结果在海洋里自由自在的章鱼成了瓶子里的囚徒、渔民的猎物，以及人类餐桌上的美食。

↑章鱼喷墨

章鱼，俗称"八爪鱼"，古时叫"章举"，食用章举在唐朝就已风行。韩愈有诗云："章举马甲柱，斗以怪自呈。"唐人刘恂的《岭表录异》提到章鱼的做法："章举形如乌贼，闽越间多采鲜者，煤如水母，以姜醋食之。"到了宋代，学者们也开始关注这种奇特的生物。朱熹注曰："有八脚，身上有肉如臼，亦曰章鱼。"

《本草纲目》记载章鱼："似乌贼而差大，味更珍好。食品所重，不入药用。"作为优良的海产品，章鱼富含蛋白质、矿物质，与猪肉、猪蹄或花生、大枣之类配用，可补血益气，催乳生肌。

章鱼的四大法宝

有人说，章鱼是一种特别聪明的动物，它有"四大法宝"，几乎可以在海洋里兼职做魔术师了。

第一大法宝：变色伪装。章鱼的变色在所有的海洋动物中首屈一指，它不但能根据环境改变颜色以便隐藏，还能把自己装扮成多种鱼的形状和色彩，所以能很好地捕捉猎物和躲避敌害。

第二大法宝：喷墨逃逸。章鱼的身体里有一个墨囊，能一次、两次甚至连续几次向外喷射墨汁；墨汁不但黑色浓郁，还含有麻醉物质，在危险时用来混沌现场，弄昏对手，趁机而逃。

第三大法宝：断腕求生。章鱼有很强的再

生能力，最极端的逃生方式就是在危急关头断腕，舍弃触手逃得性命。神奇的是，断腕的伤口处一点也不流血，过不了几天就能长出新的腕足。

第四大法宝：变形脱身。章鱼没有骨骼，能任意变形，并能通过很小的狭缝孔洞，其难度就像穿过钥匙孔从一间屋到另一间屋，这项法宝不论是用于追捕食物还是躲避敌人都是上上之选。

章鱼的常见烹调方法

◎ 章鱼小丸子

章鱼小丸子起源于日本大阪，原名"章鱼烧"，成分主要是章鱼、章鱼烧粉、柴鱼片、海苔等。它的创始人是日本著名美食家远藤留吉先生。据说远藤留吉起初将肉、魔芋等加入调开的小麦粉面糊里煎烧后放在食摊上卖。后来他使用章鱼作为原材料，并在面糊里调入味道，因每颗鱼丸里都有鲜章鱼肉，其皮酥肉嫩、味鲜而香，营养成分丰富，味美又价廉，因此广受青睐，成为日本家喻户晓的小吃，随后迅速流行起来，成为东南亚地区的新兴食品之一。

↑ 章鱼小丸子

◎ 红酒小章鱼

章鱼富含抗疲劳、抗衰老的保健因子，而红酒也能美容养颜，这样搭配就成了一份既美味又营养的食物。热锅热油爆香姜丝，加小章鱼翻炒1分钟；淋甜辣酱、1勺生抽、1/3杯红酒，翻炒2分钟；加甜椒、蒜片，翻炒5分钟；最后加盐调味，这样就可以品味章鱼的厚实质感、红酒柔软而绵长的曼妙口感，然后"云深不知归处"。

虽然制作章鱼的方法有很多种，但韩国人最爱的也是最简单、最原始的方法——生吞。如同日本人对生鱼片的坚持与喜爱，章鱼是韩国人餐桌上不可缺少的美食。韩国人说，要品出章鱼的味道不需要任何烹煮，抓起来直接吃是最好的方法，这样不仅能吃出章鱼鲜美的味道，还能展示韩国人的勇气。

章鱼界的明星——保罗

章鱼界曾出了一位轰动世界的明星，它叫保罗，这个名字取自于德国儿童作家波尔洛生所作的诗《章鱼保罗》。保罗2008年1月26日生于英国的多塞特，之后一直生活在德国的奥博豪森海洋馆，最喜爱的食物是贻贝。它的光辉事迹是，在2008年欧洲杯和2010年世界杯两届大赛中，预测比赛结果14次猜对13次，成功率达到92%，堪称"章鱼帝"。

2010年章鱼保罗还成了英格兰2018年世界杯的申办大使，但同年，这位"英雄"去世了，享年2岁半。"章鱼帝"逝世后，人们特地为它建造了纪念堂"保罗角"，那里摆放着保罗的雕像，它的骨灰则被装在一只金色的容器中放在玻璃罩里供人瞻仰。

↑章鱼保罗

海中"兔子"——笔管鱼

盘中笔管，海中玉兔；我有嘉宾，一见如故。

——题记

↑笔管鱼

笔管鱼的头和腕也是可食的，尤其在春季繁殖期，可谓"子满膏丰"、香糯可口。在刚开始食笔管鱼时，要撕去体表的黏膜，还要去掉其头部、触腕，抠去内脏，只剩下薄薄的一层外套肌。其实，这样的处理让多数可食部分被扔掉了，实在是一种浪费。

笔管鱼是一种体型细长的墨斗鱼，身体呈圆锥形，形状类似鱿鱼，但比鱿鱼短而小，状如笔管，故又称笔管蛸。笔管鱼还有日本枪乌贼、小鱿鱼等名称，青岛等地也叫它海兔子。有人说是因为它逃生速度快，动若脱兔；还有人说是因为当笔管鱼用开水烫过，便变得饱满溜圆宛如兔身，而支棱的腕则如同竖起的兔耳朵，将它们一个个整齐地摆放在盘中，活脱脱像一群兔子。

笔管鱼主要分布在渤海、黄海，别看它个头小，却是凶猛的肉食性动物，以小虾、小鱼为食。因为产量很大而且肉质细嫩鲜美，是沿海地区常见的一种小海鲜。笔管鱼的营养价值也很高，内含大量蛋白质、少量脂肪，还有各种维生素和矿物质，具有消炎退热、润肺、滋阴的功效，是物美价廉的海味补品。

"平民"笔管鱼

春汛时节，水产市场的石案上笔管鱼堆积如山。过去由于交通不便，捕得的海鲜只能在当地销售。当地居民往往拿着脸盆到市场上，一元钱就能买到一大盆。买来收拾干净，放在锅里煮熟，配以蒜泥蘸食，足够三口之家饱餐一顿，味道真是没得说。

在海边，笔管鱼这样的小海鲜是不值得送人的，渔民就用小网捞一些自己在家享用，用锅煮了，蘸生抽直接吃。有讲究一些的，就加点麻油，切点葱姜丝和辣根拌着吃。吃不了的笔管鱼就做成酱。可别小看了这笔管鱼酱，若突然来了客人，它就能解燃眉之急了。挖一小勺笔管鱼酱，打两个鸡蛋，加葱花和花生油，放在箅子上蒸，喜欢辣的还可以再放点儿干辣椒，一开锅，满屋都是香气，那个鲜味，绝不会让客人有被怠慢了的感觉。

渔家笔管菜

笔管鱼适合以多种方式入菜，大连厨师常将其烹制成"姜汁海兔"、"炝海兔"、"韭黄炒海兔"等佳肴。百姓家常见的烹调方法就是炖豆腐和用五花肉烧了。

◎ 笔管鱼炖豆腐

笔管鱼炖豆腐是典型的胶东菜。新鲜的笔管鱼，拇指大小，满肚子透明鱼子，圆鼓鼓的。豆腐的营养价值很高，不仅有益于发育生长，还能够有效预防疾病，对病后调养、减肥、细腻肌肤亦很有好处。笔管鱼与家常豆腐搭配起来，鱼的鲜与豆腐的嫩二者合一，就变得美味无比。无论是大小饭店还是寻常百姓人家，常可以见到它的身影。

其做法也简单，烧开油，放入葱花、姜片、八角，爆锅后加入五花肉爆炒至五六成熟；再将笔管鱼倒入锅内，稍加翻炒，加水适量，放入豆腐块，大火猛烧至开锅，然后小火炖至香味四溢；出锅时加入盐、香菜即可。鱼皮脆鲜，鱼子紧实而味香，汤白如玉，吃后别有一番滋味在心头。

↑笔管鱼炖豆腐

◎ **酱爆笔管鱼**

笔管鱼用干辣椒、葱、姜、蒜、麻椒爆锅，加点豆瓣酱煸炒出红油；下笔管鱼，加骨头汤烧开，加点五香粉、味精、白糖，炖个三五分钟即成。成菜色泽红亮，引人食欲。笔管鱼的外套肌较薄，不能改花刀，厨师在烹制笔管鱼时都是连头一起入肴，强调形体美，所以在焯水时也要小心翼翼，不要使其掉头或破皮，以免影响菜肴造型。

◎ **笔管鱼干拌白菜心**

这是一道典型的渔家菜。笔管鱼干用清水泡软之后，上笼蒸20分钟；蒸好的鱼干凉透后，去头去骨，把肉手撕成片；白菜心切丝，大蒜捣成蒜泥，香菜切碎备用；蒜泥添加凉拌酱油、香醋、料酒、白糖、味精和香油拌匀，静置10分钟；把撕好的肉片和切好的白菜心、香菜混合，添加调好的汁，拌匀即可。记住笔管鱼肉不要用刀切，一定要用手撕成片，然后凉拌食用，口感最佳。咸鲜的鱼干嚼起来有股子韧劲儿，和着白菜心的清甜，再加上蒜泥和调味恰到好处的点缀，吃起来真是爽口爽心，于饭于粥都是好搭档。

↑酱爆笔管鱼

鲜美年年有

——鱼类

　　鱼，作为优质的食物已相伴人类走过了几千年的历程。时至今日，鱼凭其优质的蛋白、鲜美的口味仍然是人类餐桌上的最爱……

　　从挪威寒冷的海洋洄游的三文鱼；"身怀"剧毒却让无数人拼死一吃的河豚；背负着"恶名"而鲜味不减的鲳鱼；刺身极品金枪鱼；欧洲人"餐桌上的营养师"鳕鱼；大吉大利的加吉鱼……这些个海鱼，裹挟着神秘与自由的深海气息，比游弋于浅水的河鱼少了一分俗、多了一分鲜，总有一种是你所爱的。

护肤佳品——石斑鱼

魏驮山前一朵花，岭西更有几千家。
石斑鱼鲊香冲鼻，浅水沙田饭绕牙。

——唐·李频《及第后还家过岘岭》

石斑鱼因其身上的花色条纹和斑点而得名。它的外貌给人留下深刻印象：短而胖的身体上有许多黄绿色的斑点，背上长着长长的尖刺，大大的头上长着一双凸出的眼睛、两片厚厚的嘴唇。石斑鱼喜欢在海里捕捉小鱼小虾吃，它的牙齿非常锋利，捕猎时凶猛迅速。

因为经常捕食鱼、虾、蟹，石斑鱼体内含有珍贵的天然抗氧化剂虾青素。虾青素具有延缓器官和组织衰老的功能，再加上石斑鱼的鱼皮胶质中含有丰富的胶原蛋白，配合抗氧化剂能产生美容护肤的作用，因此，石斑鱼有"美容护肤之鱼"的称号。

野生的石斑鱼主要分布在太平洋和印度洋温暖的海域，由于它们生活在礁岩缝隙间，加上不像鳕鱼那样喜欢结成群，因此捕捞的数量有限，市场上的供应量少，致使其价格偏高。21世纪初，我国开始推广人工养殖石斑鱼，但由于它们喜欢温暖的海水环境，所以目前只有

↑ 石斑鱼

海南、广东、福建等地沿海可以养殖。

游弋两岸的石斑鱼

在大陆，通常只有高档酒店才能见到石斑鱼的身影。而在与大陆隔海相望的中国台湾地区，却几乎是石斑鱼的天下。

迄今为止，全球仅有的八种石斑鱼人工繁殖技术中有七种源自中国台湾。由于石斑鱼怕冷，而中国台湾拥有得天独厚的水温环境和顶级的养殖技术，因此石斑鱼成了宝岛的宝贝，是中国台湾最重要的养殖鱼类之一。

石斑鱼还有变色的本领，当它在沙地上觅食的时候就会变成白色，把自己伪装起来。更为奇特的是，石斑鱼为雌雄同体，可以变性，第一年性成熟时都是雌性，第二年再转换成雄性，所以捕捞上来的石斑鱼通常雌性居多。

↓石斑鱼的故乡——中国台湾永安

中国台湾每年在"石斑鱼的故乡"永安都会举行规模盛大的"石斑鱼文化节"。在那里，有热闹的赛石斑鱼比赛、丰盛的石斑鱼美食桌，还有石斑鱼文化观光、歌唱晚会与烟火秀；除了能够直接品尝到最新鲜的石斑鱼料理之外，还能参观石斑鱼的产业展、摄影展、趣味知识展及装置艺术展，从多个方面一览石斑鱼的风采，让人们在享受美食乐趣之余，对石斑鱼的热爱也升华了一层。

海鲜要吃"生猛"的，市场上的高档活鱼往往供不应求。鲜活石斑鱼作为高档海产品的主流暗合了人们的消费心理，因此市场前景一片大好。石斑鱼销往大陆，中国台湾的养殖业获利丰厚，大陆也能吃到更多更新鲜的石斑鱼；尤其是《海峡两岸经济合作框架协议》生效后，石斑鱼销往大陆将实现零关税，这样一来，石斑鱼更能在两岸之间"畅游"。

石斑鱼的常见烹调方法

石斑鱼肉质细嫩有质感，味道让人联想到鸡肉，因此许多吃客把它叫做"海鸡肉"。石斑鱼低脂肪、高蛋白，是高档筵席必备的佳肴，被奉为"四大名鱼"之一。石斑鱼常用烧、爆、清蒸、炖汤等方法成菜，也可制肉丸、肉馅，但说到代表菜式，当然首推清蒸石斑鱼。

◎ 清蒸石斑鱼

清蒸可谓最保全营养最忠于食材本味的料理方法。内陆城市吃的多是浓火鱼，做法基本上是重油重盐的。石斑鱼鱼肉含人体所需要的多种微量元素和维生素，而且它还有着多变的口感，从鱼鳃、鱼眼到鱼肚，时而柔嫩，时而筋道。粤菜简朴的清蒸再浇上姜丝豉油，难得的清新鲜美俘获了很多北方人的胃。其实，清蒸鱼看似简单，却很考验厨师的功力。要想把鱼做得鲜而香气十足，必须有充足的蒸汽压力，否则虽然做熟了，但是肉的口感不实，香气也缺乏。

↑清蒸石斑鱼

↑麒麟石斑鱼

↑烤红星石斑鱼

↑石斑鱼皮

◎ **麒麟石斑鱼**

麒麟石斑鱼是一道吉祥的菜品。用餐盘把鱼片、火腿、蘑菇片和菜心一片一片地重叠排好上蒸锅稍蒸；待石斑鱼头尾蒸熟后，摆形装饰，把蒸鱼豉油煮开淋上。因为搭配了蘑菇，这道菜口感比较柔滑丰厚，当然与之相配的酒的口感也应该是较为丰厚的，因而华美馥郁的葡萄酒便是首选。另外，在橡木桶中保存过的窖藏白酒也具有较为醇重的口感，所以也是不错的搭配。

◎ **烤红星石斑鱼**

红星石斑鱼，肉质好且营养丰富。红星石斑鱼需要新鲜、干净，入烤箱时注意控制时间：时间过短，鱼肉绵软不香；时间过长，则焦脆不鲜。烤红星石斑鱼是在吸取西部烧烤烹调特色的基础上创新的特色菜肴。2008年北京奥运会期间就是用烤红星石斑鱼作为大菜来招待各国元首和贵宾的，奥巴马访华时国宴也有烤红星石斑鱼。成菜鱼肉细腻，香味浓郁，色泽金黄，既可供筵席配餐，又可当爽口小吃。

◎ **石斑鱼皮**

石斑鱼皮厚，软嫩爽滑，味道鲜美，因此也是一道入菜的佳肴；而且，鱼皮富含胶质，有降血脂、抗动脉硬化等作用，常食鱼皮能使皮肤更光滑、滋润并富有弹性。石斑鱼皮丰腴肥硕的滑溜口感则更能让人爱不释口，就像是在咀嚼冻牛筋一般。如果说石斑鱼的鱼肉已让人惊艳万分，那么它的鱼皮更是不可多得的美味。

温软细腻——鲳鱼

> 梅子酸时麦穗新，梅鱼来后梦鳊陈。春盘滋味随时好，笑煞何曾费饼银。
>
> ——清·潘朗《鲳鱼》

　　鲳鱼，又名平鱼、镜鱼。它身体扁平，体闪银光，犹如镜子，尾鳍呈叉状，兼具食用和观赏。鲳鱼刺少肉嫩味美，又富含高蛋白、不饱和脂肪酸和多种微量元素，所以深受人们喜爱。

　　《宁波志》中有关于鲳鱼的记载："身扁而锐，状如锵刀，身有两斜角，尾如燕尾，细鳞如粟，骨软肉白，甘美，春晚最肥。"在中国的东海、南海海域四季出产鲳鱼，但以农历

↓鲳鱼

三月的鲳鱼味道最为鲜美，海边人有"正月雪甲梅，二月桃花鲻，三月鲳鱼熬蒜心，四月鳓鱼勿刨鳞"的民谣。三国时的沈莹在《临海水土异物志》中写道："镜鱼，如镜形，体薄少肉。"鲳鱼如同纤秀的江南少女，不但体薄，而且口小牙细，浙江台州人常用"鲳鱼嘴"形容一个人嘴小漂亮。另外，人们普遍认为鲳鱼越大味道越美。

鲳鱼的传说

据说，从前鲳鱼的身体是圆滚滚的，而且呆头呆脑，喜欢直来直去。

一天，鲳鱼听说海中的大鲨鱼要成亲，好奇心极重的它赶紧跑去凑热闹。它紧走慢赶来到了海底，听到前面吹吹打打，好不热闹。鲳鱼知道新娘子花轿快要到了，却被争着想看新娘子的众鱼虾挡在了后面。鲳鱼好不着急，扭动着圆圆的身体，直喘粗气，拼命横冲直撞，哪知用力过猛，刹不住脚，竟然一头把花轿撞翻了。大鲨鱼火冒三丈，喝令手下把鲳鱼狠狠地打了一顿。鲳鱼挨了两百棍棒，圆圆的身体被打得扁塌塌的，皮也掉了一层。后来，伤口慢慢愈合，长出一层青白色的薄皮，好像一面银白镜子，但身体却永远变成扁平的了。

↓ 金鲳鱼

鲳鱼只进不退，虽然吃了场苦头，但是它呆头呆脑、一味直进的脾气始终改不掉。遇到鱼网阻挡，鲳鱼只知拼命往网眼里钻，待到渔网围拢，就尽数落网了。难怪渔民们说："鲳鱼好退不退，不该进偏进。"到现在，"鲳鱼直进"这句话还在渔区流传着。

鲳鱼"冤案"

鲳鱼是一种优质食用鱼类，肉质鲜嫩，营养丰富，谈起美味，素有"河中鲤、海中鲳"之说。但是，在一些地方的喜宴上，你能看到黄鱼白虾，却很难看到鲳鱼的身影。尤其是在鲁南、苏北一带，许多人把鲳鱼视若砒霜，是绝对不能上席的。原来，这与它的名字有关，"鲳"与"娼"谐音，一些人认为晦气。

明代屠本俊在《闽虫海错疏》中写道："鱼以鲳名，以其性善淫，好与群鱼为牡，故味美，有似乎娼，制字从昌。"李时珍《本草纲目》也道："鱼游于水，群鱼随之，食其诞沫，有类于娼，故名。"屠本俊说鲳鱼风流成性，其实是没有根据的；李时珍说鲳鱼游动时举止轻浮，口中流出唾沫，引得小鱼小虾追逐而行，也是误解。事实上，这是鲳鱼在排卵，鱼卵产出体外后引来鱼儿吞食。鲳鱼并没有什么"作风不正"的行为，却一直背负着这一"骂名"，所以说，数千年来对鲳鱼的歧视其实是一桩"冤假错案"。

鲳鱼吃法，不拘一格

鲳鱼有多种做法，清蒸、红烧、红焖、干煸，无论高档酒店还是百姓厨房都能操作。

◎ 清蒸鲳鱼

清蒸鲳鱼是一道深受欢迎的家常菜。将新鲜鲳鱼鱼身两面改花刀，加少量精盐、酱油，再

← 清蒸鲳鱼

放上花椒、大料、干红小尖椒及葱、姜、蒜等调味品，入蒸锅内旺火蒸，出锅前撒上胡萝卜丝和香菜段点缀，最后滴入香油即可。要注意，蒸锅内要先架竹筷，然后放鱼，这样蒸的时候热气便于流通，可缩短加热时间，还能使整条鱼受热均匀；蒸的时间不宜过长，以免鲜味丢失，肉刺也不易分离。

李渔在《闲情偶寄》中说过："鱼之至味在鲜，而鲜之至味又在初熟离釜之片刻。"鲳鱼清淡典雅而香味扑鼻，但一定要趁热吃，否则鲜味就会跑掉，腥味就会出来了。

◎ 糟鲳鱼

鲳鱼除了清蒸、红烧外，还可糟制。海岛渔家常将鲜鱼晒干后，切成块，投入酒糟中，藏于坛内，即为闻名遐迩的"糟鲳鱼"。数月后取出，异香扑鼻，鱼骨酥滑似无，滋味极佳，是佐酒下饭的佳品，还有益气养血的功效，可用来治疗消化不良、筋骨酸痛等疾。蒲松龄在《日用俗字·鳞介章》中有"街上蛏干包大篓，海中鲳鱼下甜糟"的诗句，糟鲳鱼的风行程度可见一斑。

◎ 鲳鱼粥

晚唐五代记载岭南地区物产风物的《岭表录异》中说："鲳鱼……肉白如凝脂，止有一脊骨。治以姜葱、粳米，其骨自软。"所以，鲳鱼煮粥甚佳。将鲳鱼洗净放入沙锅煮熟，去骨，切碎，再与淘洗干净的粳米放入沙锅，加入生姜、葱、猪油、精盐，酌加适量的水，先用武火煮沸，然后改用文火煮熬成粥。早晚温热服用鲳鱼粥能益胃健脾，对脾胃虚弱者尤为适宜。

沿海人喜食海味，南方人喜食大米，东南沿海的人喜欢把两者结合起来。除了鲳鱼粥之外，浙江台州人还喜欢把鲳鱼跟年糕一起烧，烧好后海味渗透到原本淡而无味的年糕里，吃起来也别有风味。

糟鲳鱼 →

胜过百味——河豚

清明上冢到津门，野苴堆盘酒满樽。值得东坡甘一死，大家拼命吃河豚。

——清·崔旭《津门百咏》

话说苏轼谪居常州时，有一士大夫家善于烹制河豚，便邀请大名鼎鼎的"苏学士"上门品评。哪知苏轼只顾埋头大啖，不闻赞美之声。众人正失望之时，已经打着饱嗝的苏轼，忽然又把筷子伸向盘中，口中说道："也值得一死！"其"食河豚而无百味"是对河豚美味的绝妙赞颂。

河豚，名河鲀，古名肺鱼，其鱼体呈纺槌状，头腹肥大，当遇到危险的时候，它能够将大量的水或空气吸入极具弹性的胃中，使自己的身体膨胀到几倍之大，所以也称气鼓鱼、气泡鱼。河豚有毒，但因其味道鲜美无比，还是有众多人同苏东坡一样认为"值得一死"，可以说河豚是让人又爱又怕的美味。

↑河豚

河豚味美古已知

河豚味美，是中国"长江三鲜"（河豚、刀鱼、鲥鱼）之首。中国自古就有烹食河豚的习惯，尤其是江南地区，比之今日日本人吃河豚的习惯有过之而无不及。据《山海经》记载，早在距今4000多年前的大禹治水时代，长江下游沿岸的人们就食用河豚。宋人张师正的《倦游杂录》记载："每至暮春，柳花坠，此鱼大肥，江淮人以为时珍，更相赠遗。"并且，人们很早就对河豚的毒性有所见解。沈括在《梦溪笔谈》中说："吴人嗜河豚鱼，有遇毒者，往往杀人，可为深戒。"为了防止中毒，古人还发明了"饮芦菜汤以解其热"的方法。李时珍在《本草集解》中提到："河豚，水族之奇味，世传其杀人，余守丹阳、宣城，见土人户户食之。但用菘菜、蒌蒿、荻芽三物煮之，亦未见死者。"古人认为加上青菜、芦蒿和荻芽一起煮食就能去除河豚毒，实际上真正起作用的在于"煮"，高温加热在一定程度上去除了毒性。

古时吃河豚的多是文人雅士，因此也产生了许多歌咏之作，最著名的当属苏轼的《惠崇春江晓景》："竹外桃花三两枝，春江水暖鸭先知。蒌蒿满地芦芽短，正是河豚欲上时。"梅尧臣在范仲淹宴席上听到宾客们绘声绘色地讲述河豚时，忍不住即兴作诗："春洲生荻芽，春岸飞杨花。河豚当是时，贵不数鱼虾。"明人徐渭也有《河豚》诗云："万事随评品，诸鳞属并兼。惟应西子乳，臣妾百无盐。"捧抬之下，河豚的名气扶摇直上，大有凌驾于众鱼之上的架势。

↑大禹治水图

↓惠崇春江晓景

拼死而吃为哪般

河豚有剧毒，最毒的部分是卵巢、肝脏，其次是肾脏、血液、眼、鳃和鱼皮，其毒素能使人神经麻痹、呕吐、四肢发冷，进而心跳和呼吸停止。从一只中等体型河豚中提取的河豚毒素就可以毒死30个人。吃河豚中毒死亡者，在国内外屡见不鲜。纵使如此，由于河豚的味道鲜美在一般鱼之上，所以还是有众多的人"拼死"吃河豚。

在中国，为了防止中毒事件的发生，一般不准饭店供应河豚。而在日本，吃河豚有着悠久的历史，几乎各大城市都可见河豚饭店，日本毫无疑问是世界上最盛行吃河豚的国家，成为其饮食文化的重要部分，以致人们常把河豚鱼片与日本绘画相提并论。

在日本吃河豚，加工是十分严格的，一名合格的河豚厨师要接受专业的培训并进行结业考试。考试时厨师要吃下自己烹调的河豚，因此技术不过硬的人早就逃之夭夭了。每条河豚的去毒加工都需要经过30道工序，用小刀割去鱼鳍，切除鱼嘴，挖除鱼眼，剥去鱼皮；接着剖开鱼肚取出鱼肠、肝脏和肾脏等含剧毒的内脏，再把河豚的肉一小块一小块地放进清水

↑河豚制品

中将上面的毒汁漂洗干净，使鱼肉洁白如玉、晶莹剔透，接着将其切成像纸一样薄的片，再将这些鱼片摆成菊花或仙鹤一样的图样。吃的时候夹起鱼片蘸着碟子里的酱油和芥末放进嘴里慢慢地咀嚼，吃完鱼片后再喝上一碗河豚鱼汤，身心俱足。

河豚肉的美妙不仅仅在于肉质的细腻与鲜美，更在于"拼死吃河豚"的冒险所产生的刺激，有了这样的调味，吃河豚的魅力才会经久不衰。

河豚古法今吃

通常吃河豚中毒的案例并不发生在餐饮店里，而是一些钓鱼爱好者自己料理后造成的，所以若没有专业的知识，还是不要亲自烹制为好。

◎ **河豚荻芽羹**

欧阳修曾在《六一诗话》里说："河豚尝生于春暮，群游水上，食絮而肥。南人多与荻芽为羹，云最美。"彭泽的《竹枝词》也道："垂柳垂杨绕屋斜，客来蒸菜味偏佳。残春若肯过寒舍，更吃河豚煮荻芽。"以河豚与荻芽做羹是一道招待贵客的时令佳肴，清香鲜嫩，酥醇不腻，胜过鲫鱼的肉质，赛过鲈鱼的爽滑，回味悠长，在宋朝就是最流行的吃法，并延续至今。荻芽就是现在的芦笋，加上莼菜小火慢炖，因为吸足了河豚鲜味，青菜往往比鱼更好吃。

↑河豚荻芽羹

↑红烧河豚

↑河豚子烩茭白

◎ **红烧河豚**

红烧河豚的做法在明朝时就十分兴盛，时至今日仍为主流做法。河豚必须烧透，要烧到水分都已蒸发，仅剩下一层油，一点即燃才算火候到家。古人用一根纸稔蘸汁试验其熟透程度，如能点燃，便是透了，否则未熟。可谓"食得一口河豚肉，从此不闻天下鱼"。

◎ **河豚子烩茭白**

河豚子烩茭白是一道传统的河豚料理，此时，河豚子要经过腌、晒、浸、烧等多道工序，去除毒素。烧煮河豚子的时候，底下不能碰着锅底，否则会糊锅；上面也不能浮出水面，要用东西压着，所谓"上不顶天，下不立地"。经过高温解毒之后，河豚就能够用来烩茭白等食材，荤素搭配，鲜香可口。

海中"刀客"——鲅鱼

谷雨到，鲅鱼跳，丈人笑。

——俗语

　　在山东青岛，有这样一个习俗，女婿要送给岳父两条鲅鱼，所以如果生个女儿，就会有很多人开玩笑说："生一个闺女，得两条鲅鱼。"

　　鲅鱼，也叫马鲛。因为"鲅"跟"霸"同音，所以它的名字听上去很霸气，事实也是如此，鲅鱼性情凶悍，牙齿锋利，捕食时好似猎豹，而且体型巨大，大连自然博物馆中有一条"鲅鱼王"标本重130多千克，长约2.64米。在胶东半岛，鲅鱼曾是渔民一年中下海捕捞到的头一批收获物，故而有"第一鱼"的名声。因为肉多实惠，渔民享受了口福之后称它为"满口货"。鲅鱼营养丰富，除了能补气、平咳，还有提神和防衰老等食疗作用，很受人们欢迎，尤

↑鲅鱼

其是在大连、青岛、威海等北方沿海城市，有"山有鹧鸪獐，海里马鲛鲳"的赞誉。每年5月中旬到6月上旬，新鲜晶亮的大鲅鱼一上市，家家户户的餐桌顿时多了这道鱼肴，人们都以吃上鲜美的鲅鱼为快。

鲅鱼送岳父母

在青岛，女婿给岳父母送春鲅鱼这个传统已有上百年的历史。在民间还流传着这样一个感人故事。

一个名叫小伍的孩子，从小父母双亡，被一位慈善的老人收养，逐渐成长为老实忠厚的青年，老人就将自己的女儿许配给小伍。为报答老人的恩情，小伍天天种地捕鱼，勤奋劳作。一年春天，老人突然病倒，念叨着想吃鲜鱼，眼看老人病情越来越重，虽然海上狂风大浪，小伍还是冒着生命危险出海了。女儿守在

↓中国营口鲅鱼圈

老人身边呼唤："娘啊娘，你坚持住，小伍一会儿就回来了。"老人听后点了点头："好孩子，难为小伍了，罢了，罢了……"话没说完就咽了气。就在此时小伍拿了一条大鲜鱼跑了回来，可是已经晚了。夫妻二人悲痛欲绝，抱头大哭，只好把鲜鱼做熟后供在老人的灵前。从那以后，小伍夫妻每年都要在老人的坟前供上这种初春刚捕到的大鱼，并按老人死前口中念叨的"罢了，罢了"为这种鱼起名为"罢鱼"，即现在的鲅鱼。春天送鲅鱼孝敬岳父母就这样积久成俗，流传开来。

如今，不管是刚刚结婚的新女婿还是五六十岁的老女婿，凡是岳父母还健在，就会提着鲜亮的大鲅鱼给老丈人"进贡"。送鲅鱼礼不分大小多少，关键是尽孝心，这也与中华民族尊老重孝的传统相符。

↑鲅鱼公主像

↑香煎鲅鱼

↑鲅鱼水饺

春天鲅鱼正鲜

就像韭菜一年四季生，"春韭香，夏韭臭"，吃鲅鱼也有四季之分。春鲅最鲜美；夏天的鲅鱼肉质懈怠，口感会差很多。青岛人讲究吃春鲅鱼，每到春汛，大量新鲜鲅鱼上市，家家户户都会买回来，清炖，红烧，汆丸子，包饺子，只要是新鲜的，怎么做都好吃。

◎ **香煎鲅鱼**

香煎鲅鱼这道菜本是青岛崂山一带农家的传统菜品。光吃鱼不行，必须是鱼和裹在上面的蛋面一起吃，那才叫有滋有味。鲅鱼洗净剖开，用盐腌至鱼肉入味；鸡蛋打散加淀粉拌匀成糊；将鲅鱼放入蛋糊中裹上一层，入热油锅煎至两面金黄色；将煎好的鱼装盆，撒上红椒丝即可食用。香煎鲅鱼可以直接吃，也可以蘸山东人喜欢的甜辣酱吃。

除了新鲜鲅鱼外，当地人也用晒干的鲅鱼也就是咸鲅鱼来做香煎鲅鱼。咸鲅鱼据说是渔民在海上为了方便贮存，将捕到的鲜活鲅鱼直接开膛破肚，就着海水清理干净，然后放在船上任由海风将它自然风干制成。所以在鲅鱼干的味道里，似乎带着太阳与海风的气息，有鲜鲅鱼无法比拟的柔筋咸香口感。

◎ **鲅鱼水饺**

鲅鱼饺子是胶东的特色面食，地道的胶东人，会趁每年春鲅鱼新鲜上市的时候，包一顿鲜美无比的鲅鱼饺子。做这道鲅鱼水饺也是如此，关键在于鱼馅，只需将鲅鱼白白嫩嫩的鱼肉用刀切细，加上适量韭菜和葱花就行了。这种饺子具有浓郁的渔家风味特色，绝对不同于你以往所吃的饺子。

◎ **啤酒烧鲅鱼**

啤酒搭配鲅鱼，是极具海滨特色的一道菜。啤酒可以去除鲅鱼的腥味，而且不用担心吃醉，因为温度超过70℃，酒精就全部挥发了，只留下啤酒香。将适量啤酒倒入锅中代替水来煮鱼，成菜后于鲜之外，还会有淡淡的啤酒苦味儿，有苦有甜，正是人生的真味。

↑啤酒烧鲅鱼

此外，鲅鱼还是青岛人做熏鱼的最佳选择。风味独特的熏鲅鱼，是佐酒下饭的美味佳肴。大连人对鲅鱼的食用也颇有创意，形成了鲅鱼系列小吃，如鲅鱼丸子、鲅鱼烩饼子等，外地游客常常慕名而来。

餐桌常客——黄花鱼

> 黄花尺半压纱厨，才是河鲜入市初。一尾千钱作豪举，家家弹铗餍烹鱼。
>
> —— 清·杨静亭《都门杂咏》

据说旧时五月黄花鱼上市时，即使是贩夫走卒、贫困人家，也要称点儿来尝尝，或熏或炸，到处可见。每值庭花绽蕊、柳眼舒青的明媚时节，大青蒜头伴食自家厨房做的黄花鱼，也是人生的一种乐趣。

↓ 黄花鱼

鱼之上品

黄花鱼，简称黄鱼，又名石首鱼。对于它，李时珍有过一段简洁生动的描述："生东海中，形如白鱼，扁身，弱骨，细鳞，黄色如金，头中有白石两枚，莹洁如玉，故名石首鱼。"黄花鱼分大黄鱼和小黄鱼两种，饭馆所用的以大黄鱼为多，其肉如蒜瓣，脆嫩无比，一向受人们欢迎，被称为咸水鱼之王。

据《本草纲目》记载，黄花鱼"开胃益气。晾干称为白鲞，炙食能治暴下痢，及卒腹胀不消，鲜者不及"，一个"鲜者不及"足以表明赞叹之情。不仅如此，黄花鱼还含有丰富的蛋白质、微量元素和维生素，可以补肾健脑，而且肉质肥厚，易于消化吸收，对人体有很好的补益作用。古时人们喜爱把它和莼菜作羹，《初学记》称之为"金羹玉饭"。

吴王阖闾与黄花鱼

说起吃黄花鱼，有一段颇有意思的故事，从中我们能梳理出一条食用黄花鱼的脉络。

公元前505年，吴王阖闾带兵攻打东南沿海民族时，士兵们从海中捕捞黄花鱼给他吃，吴王觉得味道特别鲜美。东征胜利回朝后，吴王仍念念不忘当时在海上吃鲜黄花鱼的情景。可是，黄花鱼极易腐烂，人们便把黄花鱼用盐渍后晒干送给吴王。这些经过盐渍的干黄花鱼，与鲜鱼相比味香且浓，肉实而鲜美，于是龙颜大悦，便明令加以推广。据古书记载："阖闾尝思海鱼而难于储存，乃令人即此地治生鱼渍

> **诗句中的黄花鱼**
>
> 荻芽抽笋河豚上，楝子花开石首来。
> ——宋·范成大《晚春田园》
> 夜网初收晓市开，黄鱼无数一时来。
> 风流不斗莼丝品，软烂偏宜豆腐堆。
> ——明·李东阳《佩之馈石首鱼有诗次韵逢谢》

↑吴王阖闾像

而日干之。"这大概就是黄花咸鱼的最早吃法了。

后来吴王又一次征讨东南沿海，双方都断了粮。吴王这边捕得黄花鱼充饥，对方却无以为食，只好投降。吴王便将鱼膘、鱼肠等下脚料送给降兵吃，结果降兵个个吃得津津有味。吴王十分惊讶，问其原委，降兵答道："此鱼膘比鱼肉还好吃哩！"吴王取鱼膘尝之，果然鲜美异常，从此，人们又发现了"鱼肚"（又名黄花胶）的吃法。

从鲜鱼到干鱼乃至鱼膘、鱼肠，黄花鱼可谓是常做常新，无处不鲜美。

黄花鱼"游"上餐桌

经过几千年的积累，对于黄花鱼的做法可谓极尽想象力，但万变不离其宗，重要的是鱼的"鲜"。李渔曾在《闲情偶记》中说道："食鲜者首重在鲜，次则及肥，肥而且鲜，鱼之能事毕矣。"

◎ 黄花鱼水饺

好吃不过饺子，黄花鱼遭遇饺子，化作了食客们的心头之爱——鱼水饺。选取不超过10厘米的野生小黄花鱼，去皮，去刺，打成肉泥，加上葱姜水和剁碎的五花肉，这样才能制成软嫩鲜香的鱼肉馅。黄花鱼水饺，面皮劲道，鱼馅鲜嫩，再搭配一盘采用渔家做法焖制的小嘴鱼，足矣。

◎ 麒麟送子

麒麟是传说中的仁兽，能为人们送子送

↑ 黄花鱼水饺

福，自古就有"天上麒麟儿，地上状元郎"之说，因此民间对其尤为敬爱，有麒麟送子的年画、长命锁、青花瓷等。但创作一道以此为名的菜可并不容易，其中刀工尤为重要，需要在黄花鱼的两面用拔刀法贴着脊骨劈成斜刀片，每面约劈7片。将鱼头下颌、胸鳍中间割开，两鳃壳往两边一掰，用刀在鱼头顶上拍一下，使鱼头趴下。加上调味与装盘，厨艺大师的匠心与巧思，将寓意融入色香味形之中，使此菜成为一道典型的"意在菜外"之作。

◎ 绣球全鱼

这是由黄花鱼、猪肥肉臊等制作而成的一道菜肴。将黄花鱼剔去鱼肉，鱼骨架及鱼头保持原形，将鱼肉与香菇、冬笋、火腿、肥肉臊和馅捏成丸子，摆放于鱼骨架上，再勾芡淋于丸子之上即成。成菜造型美观，五彩缤纷，口味鲜美，营养丰富，而且绣球是喜庆、幸福的象征，为此菜增添了"吉祥如意"的含义。

↑绣球全鱼

| 黄花鱼与端午 |

在端午节这一天，除了划龙舟、包粽子以外，还有大量捕鱼烹食的习俗，据说也是为了防止屈原的食物被鱼吞掉。而农历五月正是黄花鱼大量上市的时候，于是家家都吃黄花鱼。"五月端午的黄花鱼——正在盛市上"这条歇后语如实地说出了端午时黄花鱼的风头正盛。

大吉大利——加吉鱼

加吉头，鲅鱼尾，刀鱼肚，鲕鱼嘴。

—— 俗语

　　加吉鱼，又叫真鲷、铜盆鱼，分红加吉和黑加吉两种，其中红加吉尤为名贵。加吉鱼自古就是鱼中珍品，民间常用来款待贵客。在中国胶东沿海都有出产，以蓬莱海湾的品质最佳。每年初春，香椿树上的叶芽长至一寸长时便是捕获加吉鱼的黄金季节，有"香椿咕嘟嘴儿，加吉就离水儿"的民谚。清朝学者郝懿行在《记海错》中有云："登莱海中有鱼，厥体丰硕，鳞鬐赦紫，尾尽赤色，啖之肥美，其头骨及目多肪腴，有佳味。"加吉鱼肉质坚实细腻、白嫩肥美、鲜味醇正，尤适于食欲不振、消化不良、气血虚弱者食用。

　　加吉鱼最鲜美的部位是它的头部，含有大量脂肪且胶质丰富，熬出来的鱼汤汁浓味美，还可以解酒。在胶东沿海，渔船出海有一个规矩，若捕上一条加吉鱼，鱼头自然是要留给船老大的。若在饭馆里点上一条加吉鱼，行家必不动鱼头，先吃鱼肉，以示对客人的尊重。

↓加吉鱼

吉祥之名

加吉鱼在历史上有许多别称，但在胶东，人们比较认同的还是"加吉"，一来因为有"吉上加吉"之意，二来也与一段传说有关。

相传，唐太宗李世民来到登州（现在的山东蓬莱），择吉日渡海游览海上仙山（现今的长山岛），在海岛上品尝了一种色味俱美的鱼之后，问随行的文武官员此鱼为何名。众人不知又不敢胡说，只好作揖答道："皇上赐名才是。"唐太宗想到今日是择吉日渡海，品尝鲜鱼又为吉日增添光彩，于是赐名"加吉鱼"。

不管这传说是否属实，只因加吉鱼属鱼中上品，身形优美，很适合人们的审美倾向，赋予它一个美好的名称便不足为奇。有了这样一个吉祥的名字，招待贵客或喜庆家宴一定要用加吉鱼，便成为胶东民间一条不成文的规矩。

加吉鱼的常见烹调方法

◎ 清蒸加吉鱼

"清蒸加吉鱼"是鲁菜中必不可少的一道佳肴，也是蓬莱"八仙宴"中必不可少的一道名菜。清蒸可以最大限度地保持加吉鱼的原汁原味，这也是烹调海鲜的真谛。越鲜的东西做法越简单，将加吉鱼身两面改斜刀，然后将调料拌匀后撒在鱼身上，入锅旺火蒸约20分钟，掀开锅盖，满屋即可闻到浓浓的鲜香味。再加上鱼皮殷红，鱼肉嫩白，色、香、味样样精到，足以使人久食不腻。

↑李世民像

加吉鱼的别名

甲级：加吉鱼名贵，通常名人贵客才能品尝，又因体色鲜红是吉庆之意，故名"甲级"。

家鸡：鸡肉是家禽羽族之中的美味，宴席上加吉鱼可代替鸡，故又称"家鸡"。

佳季：每年春季加吉鱼最为肥美，故民间有"椿芽一寸，佳季一阵"之说。

嘉鱽：嘉，美好之意。鱽，加吉鱼的古称。此名由清代著名经学家、训诂学家郝懿行所取。

加级：因加吉鱼已有甲级的美称，有人品尝了此鱼后，认为还应在"甲级"的标准之上，故又名"加级"。

↑加吉鱼香椿芽

在胶东，加吉鱼向有"一鱼两吃"的习惯，即用一条鱼做两道菜：一道是清蒸加吉鱼，一道是加吉鱼头汤。先是把整条鱼烹制上席，吃完鱼肉后将头及骨刺入锅汆汤，二次上席，味道仍然鲜美，还能作开胃醒酒之用，品味之妙胜过全鱼。这种独特吃法在其他菜系中甚为少见。

◎ 加吉鱼香椿芽

老辈人有句俗话："香椿芽和加吉鱼一块炖，吃了这顿还想吃下顿。"收拾加吉鱼的时候，鱼腹通常是不剖开的，而是把内脏从鱼嘴处摘除，鱼腹内保留鱼子和鱼鳔。鱼子结实饱满而鱼鳔空虚，若直接烹制就端上桌，显得对客人失礼。厨师使出妙招，把剁好的瘦猪肉馅和切好的香椿芽塞进鱼鳔内。对此，民间有"椿芽一寸，加吉一溢"之说。用香椿芽来烹制加吉鱼，两鲜合一鲜，越吃越觉鲜。香椿树在胶东民间被视为受过皇封的树王，加吉鱼又含吉祥之意，因此这道菜承载着人们祈盼富贵、吉祥的美好愿望。

加吉鱼趣闻

一夫多妻： 加吉鱼一般以一二十条群居，其中只有一条雄鱼，为"一夫多妻"制。如果雄鱼死了，便有一条最强壮的雌鱼变成雄鱼，带领其余的雌鱼开始新生活。

由雌变雄： 为什么加吉鱼可以由雌鱼变成雄鱼呢？原来，雄加吉鱼身上有鲜艳的色彩，一旦死去光色便会消失，身体最强壮的雌鱼神经系统首先受到影响，随即在它的体内分泌出大量的雄性激素，使卵巢消失，精巢长成，鳍也跟着变大，蜕变成一条雄鱼。

欧洲"明星"——鳕鱼

> 有人计算过，如果每颗鱼卵都能顺利孵化，每条小鱼都能长大成熟，那么，只要3年时间，鳕鱼就可以把海洋填满，到时候你就可以足不沾水地踩在鳕鱼背上横越大西洋了……
>
> —— 法·大仲马《烹饪大辞典》

　　鳕鱼，又名鳘鱼，它长有一副可爱的卡通形象，背部有三个背鳍，大头大眼大嘴巴，嘴上还长了一根细细的胡须，让人一看便有忍俊不禁之感。在中国北方称鳕鱼为"大头鱼"，朝鲜称其为"明太鱼"。鳕鱼肉质嫩滑紧实、脂肪量低、清口不腻，许多国家都把它作为主要食用鱼，因而鳕鱼成了全世界年捕捞量最大的鱼之一。

↓鳕鱼

与欧洲人的不解之缘

在欧洲，鳕鱼自古就是有名的食用鱼，因为它们繁殖能力很强，加上总是成群结队地游到浅海，所以很容易捕捉。

挪威可以说是最喜爱吃鳕鱼的国家之一。鳕鱼的肝脏含油量极高，还包含大量维生素A和D，故而极适合被用做提炼鱼肝油。1851年，英国爆发了"大头娃娃"的流行病，正在束手无策的时候，有人发现食用鳕鱼等深海鱼的肝脏能缓解病情，于是挪威开始大规模生产鳕鱼鱼肝油，并逐步发展到全民食用。长期服用鳕鱼鱼肝油的习惯，给了挪威人睿智、高寿以及强健的体魄，所以鳕鱼被挪威人奉为"国宝"。

后来，鳕鱼成了销量巨大的高利润商品，欧洲国家纷纷出动寻找鳕鱼渔场，这也诱使英国人走出温暖安全的大陆，驾驶着当时大洋里最好的捕鱼船前往寒冷的冰岛海域。英国的卡伯特和意大利的哥伦布是同时代的人，哥伦布找到了新大陆，而卡伯特找到了鳕鱼，他把那片挤满鳕鱼的海域命名为"纽芬兰"。鳕鱼吸引着越来越多的渔民和满怀发财梦的人，造就了新英格兰的繁荣，美国的波士顿也由此诞生。

在葡萄牙，每年都会举行"鳕鱼文化节"，城市中也随处可见专做鳕鱼的餐馆。据说当地的鳕鱼至少有365种吃法，就算一天一个花样，葡萄牙人也能吃上一整年不重样。

鳕鱼的常见烹调方法

鳕鱼作为低脂、高蛋白、少刺的鲜美鱼类，可以说是老少皆宜，而且在吃法上花样翻新。

←纽芬兰岛

◎ 酱汁鳕鱼

将各色蔬菜沙拉当做画框，把雪白的厚鱼片当做画板，然后再把调好的酱料当做油彩，你便可尽情发挥，做出一道充满创意的酱汁鳕鱼。你完全可以自制各色鳕鱼酱汁，把鱼皮剥下同水熬煮五六个小时，待鱼胶分离出来后，撇去油脂，加入圆葱、土豆、藏红花等继续熬煮，最后用搅拌器制浆就完成了。欣赏完这幅"艺术品"之后你就可以享用了，入口轻嚼，鱼肉和酱料立刻在口里化开，带来清新的味觉享受。

◎ 韩式鳕鱼炖豆腐

收拾好的鳕鱼切段，圆葱切丝，鳕鱼下锅煎炒至变色，倒入热水大火煮开，放入豆腐稍煮，最后放入圆葱丝。此菜的关键是韩式辣酱，它可以去掉鳕鱼的腥味。成菜鱼肉鲜香，豆腐软嫩，汤更是鲜辣爽口，可以吃到大汗淋漓，大呼过瘾。如果口味偏重，还可以在酱汁里多放点辣酱或辣椒面。豆腐含钙丰富对人体非常有益，但如果单吃豆腐钙吸收不了多少；若是将鱼和豆腐配制成菜，鱼肉中丰富的维生素D，便可大大提高人体对食物中营养元素的吸收率。因此，常吃鲜鱼豆腐，实在是益胃又益身。

◎ 西班牙炖鱼海鲜菜

鳕鱼一直是西班牙餐桌上的主角，这是一道以鳕鱼为主的带有西班牙风味的海鲜菜。食材丰盛，除了炸至酥脆的香肠外，还有圆葱、大蒜、香菜、辣椒、油豆、西红柿、虾等，与大蒜面包配食，极具异国风情。虽然融合了地中海和东方烹饪的精华，但你还是可以通过菜中浓郁的橄榄油味和喷香的蒜茸味来识别它的西班牙国籍。

↑酱汁鳕鱼

↑韩式鳕鱼炖豆腐

↑西班牙炖鱼海鲜菜

此外，还有在葡萄牙的"鳕鱼全席"中最著名的"蒸鳕鱼"。做法是在鳕鱼上放上土豆和圆葱片，然后放进蒸锅蒸熟，最后用煮熟的鸡蛋和黑橄榄装饰；还有葡萄牙人的传统食物腌鳕鱼干，它虽然又咸又硬，却是家家户户餐桌上的最爱，除了直接食用，人们还喜欢把它混合在土豆泥中拌成沙拉。挪威人喜欢先将鳕鱼腌制数天，外地人初次尝试可能不太习惯，但当地人却嗜吃不疲。

刺身极品——金枪鱼

我该吃小金枪鱼了。我可以用鱼钩把它钓过来，在这儿舒舒服服地吃。

——美·海明威《老人与海》

金枪鱼，又叫鲔鱼，香港人仿其英语发音读作吞拿鱼（tuna）。金枪鱼体型像一颗巨型"鱼雷"，尾鳍形如弯月，因为肌肉中含有大量的肌红蛋白，所以肉色鲜红似牛肉。它的肉质肥美丰厚，自古以来都是人类的美食，古希腊时代就有食用金枪鱼的记载。金枪鱼低脂而高蛋白，所以营养价值高，再加上具有美容、健脑、护肝等作用，金枪鱼作为一种健康的现代食品

↓金枪鱼

备受推崇。全世界都把它视为高级食品和顶级美味，欧美国家尤其青睐，把金枪鱼肉比作是"海鸡肉"或"小牛肉"。金枪鱼的旅行范围远达数千千米，能作跨洋环游，被称为"没有国界的鱼类"。

海中黑金

蓝鳍金枪鱼又称黑金枪鱼，是金枪鱼中最稀少的。它体型巨大，最大者体长可达4.3米左右，体重达到800多千克，寿命可达30年。蓝鳍金枪鱼被称作海里的猎豹，整个身体呈流线型，朝着追求速度和力量的方向进化。它还具有很强的环境适应能力，既可在北极寒冷地带，也可在热带地区的海洋中生活。

蓝鳍金枪鱼肉的脂肪含量远远高出其他金枪鱼，肉质鲜美，入口即化，因此是制作生鱼片的顶级食材。日本对生鱼片的热爱有目共睹，所以全世界80%以上的蓝鳍金枪鱼都被日本人消费了也就不足为奇。一条普通蓝鳍金枪鱼在日本的价格一般要超过8万美元，2011年1月更是出现了39.67万美元的天价，创下了世界纪录。

因为极高的经济价值，全球的蓝鳍金枪鱼遭到滥捕，短短几十年，曾经在海洋中浩浩荡荡的金枪鱼就遭遇到了生存危机，20世纪70年代以来，仅生活在大西洋的蓝鳍金枪鱼数量就下降了九成。出于保护物种的考虑，蓝鳍金枪鱼已经被一些地区列为"避免食用"。

↑蓝鳍金枪鱼

风靡全球的烹调方法

◎ 金枪鱼刺身

按照日本人的习惯，刺身应从相对清淡的原料吃起，所以海味居多，金枪鱼向来是食客最爱的海鲜之一，金枪鱼生鱼片更堪称生鱼片中的极品。

日式生鱼片通常以山葵粉、水及酱油配白萝卜丝食用。吃刺身时蘸山葵泥是为了更好地调动生鱼的原汁原味，而不是像许多人以为的那样为了杀菌。另外，吃刺身时千万不要用筷子搅拌小碟中的酱油和山葵泥，因为日本人认为这是不礼貌的用餐举动，是不懂得正确品尝刺身的表现。

从金枪鱼的品种看，生鱼片质量由高至低分别为蓝鳍金枪鱼、马苏金枪鱼、大眼金枪鱼和黄鳍金枪鱼。蓝鳍金枪鱼和马苏金枪鱼产量较低，价格非常高。常见的金枪鱼鱼片是由大眼金枪鱼和黄鳍金枪鱼制成的。

◎ 金枪鱼寿司

寿司以其简单自然的食材、低热量、漂亮的造型，越来越受到人们的喜爱。无论是作为主食还是点心，无论是招待朋友还是自己享用，都让人无法抗拒。

金枪鱼寿司的做法非常简单，每个人都可在其中做出属于自己的味道。将金枪鱼解冻后，切成手指粗细长条。白饭趁热拌入白醋、糖、盐及味精，吹冷备用。寿司竹帘上放海苔，再铺上四汤匙白饭，把饭压平，放上金枪鱼条及黄瓜条，用竹帘将寿司压成所要的形

刺身是日本的一种传统食品，是最出名的日本料理之一。中国一般将"刺身"叫做"生鱼片"，因为刺身的原料主要是海鱼，但刺身实际上包括一切可以生吃的肉类。将它们利用特殊刀工切成片、条、块等形状，蘸着山葵泥、酱油等佐料，直接生食。

↑金枪鱼刺身

↑金枪鱼寿司

状，取出寿司竹帘即可。金枪鱼寿司是日本人的最爱，他们几乎无法忍受把金枪鱼换成其他的食材。

◎ **金枪鱼三明治**

200多年前，英国伯爵约翰·蒙塔古因为没工夫吃饭而发明了三明治的吃法，虽然简单，花样却无穷无尽。美国的油浸金枪鱼罐头风靡全球，是国际上最畅销的食品之一，用来配制三明治，方便实用之余，又大大满足了吃客们的食欲，犒劳自己因快节奏的生活而饱受委屈的肠胃。

↑金枪鱼三明治

金枪鱼的每个部位都可用来制作菜肴。腹肉带有脂肪，是金枪鱼最肥美的部位，一般用来做生鱼片。鱼头拿来煮汤或清蒸，下巴则多用来烤着吃。如此美味而昂贵的鱼，容不得浪费一丁点儿的地方。

金枪鱼趣闻

绝大多数鱼是冷血的，而金枪鱼却是热血的，体温为34℃~35℃。

体温高和新陈代谢旺盛使金枪鱼的反应矫捷迅速，成为超级猎手。它是游得最快的鱼，比陆地上跑得最快的动物还要快。

金枪鱼游泳时总是张着口，使水流经过鳃部而吸氧呼吸，所以在一生中它只能不停地持续高速游泳，即使在夜间也不休息，若停止游泳就会窒息。

鲸和鲨鲸是金枪鱼在大海里的保护者，它们经常游在一起，如果金枪鱼碰上了天敌，就会赶紧靠近鲸或鲨鲸，借助伙伴的庞大躯体来掩护自己。

"落叶归根"——三文鱼

> 凡是世间的有情人，都不免对故乡有一种复杂的情感，在某一个时空呼唤着众生的"归去"，只是很少众生像鲑鱼选择了那么壮烈、无悔、绝美的方式。
>
> —— 林清玄《鲑鱼归鱼》

三文鱼，又名鲑鱼，它的发音源自香港人的洋泾浜英语"salmon"。这是一种非常有名的溯河性产卵洄游鱼类，生在江里，长在海里，然后再长途洄游到江里产卵。三文鱼鳞小刺少，肉质紧致细嫩，肉色粉红富有弹性，既可直接生食，又能熟食烹制，是西餐中常用的名贵鱼之一，在日式料理中经常做成刺身和寿司。三文鱼以挪威的产量最大，最负盛名的产自美国的阿拉斯加海域和英国的英格兰海域。

三文鱼体内含虾青素。而虾青素是迄今为止发现的一种最强的抗氧化剂，能够延缓细胞的衰老，提升人体的免疫力，对癌细胞也有极强的抑制作用。生活在严寒北极圈内的因纽特人虽然食物单一，却体质强壮，基本上不会患心脏病、糖尿病、动脉硬化等疾病，有研究表明，这

↓三文鱼

也许与他们长期以三文鱼为食有关。

奇迹般的生命循环

作为典型的溯河性产卵洄游鱼类，三文鱼在淡水中产卵孵化，鱼苗随着溪水游回大海，在海洋中长大成熟，成鱼再溯河洄游到原来生长的水域，重新繁育下一代。逆流而上回到出生地的旅途漫长而艰险，既有阻挡它们的激流险滩，又有享用它们的鲨鱼、灰熊、海雕等天敌的虎视眈眈，当然最主要的还是被人们捕获成为餐桌上的美味，每10条鱼中有一条能游到最后就是万幸。从大海入江之后，三文鱼就停止摄食以保持持续前进，一路上逆水搏击，躲避天敌，跳跃瀑布。据说三文鱼肉本来是雪白的，在洄游过程中因为用力过猛，崩裂了血管，殷红的鲜血浸透全身，才导致全身透红。产卵之后三文鱼会静静死去，身体化作养料为下一代的成长创造条件。以感性的眼光来看，三文鱼的一生是坎坷甚至是催人泪下的。尤其是洄游的旅途，对所有三文鱼来说都是生命的终结之旅，但同时也是生命的延续之旅。千百年来，它们就这样完成了奇迹般的生命循环。

↑三文鱼

↑三文鱼刺身

常见烹调方法

生食可能是三文鱼的最佳吃法，但如果恰当地烹制，同样也是美味上品。有大厨提醒，制作三文鱼菜肴的秘诀就是切勿太熟，只需把鱼做七成熟，这样既可保存三文鱼的鲜嫩，也可以去除人们不喜欢的鱼腥味。

◎ 三文鱼刺身

一般人听到三文鱼这个名字，会迅速联想到日本料理。的确，日本是世界上消费三文鱼最多的国家，而三文鱼刺身就是其中的佼佼者。其对于食材的选择非常苛刻，必求新鲜，但做法简单，只需将三文鱼肉切成薄片，呈扇形叠摆在铺有紫苏叶的盘中；生姜切细末、日式姜切片摆入盘中，并用黄瓜花、番茄切片稍加点缀；将绿芥末膏和酱油装入味碟内，随装好盘的生鱼片一同上桌即成。新鲜的三文鱼甘甜鲜嫩，橙红色的鱼肉泛着晶莹的光彩，看着就有食欲，入口触舌的快感更是非同一般。生吃三文鱼还有一个好处，那就是最大限度地保全其营养成分，尤其是抗氧化物质虾青素。

◎ **烤三文鱼**

也许在大多数人印象中三文鱼应该生吃，但创意无限的意大利人却喜欢把它们烤制成艺术品。烤三文鱼的主料选自挪威沿岸的大西洋水域，入口先是尝到酥脆的外皮，中间则保留了三文鱼原本的软嫩，一块鱼肉入口，你立刻会被其口感的丰富层次所打动。再蘸上一点用香草和花椰菜做的酱汁，另有香葱和樱桃番茄的点缀，使口感更有回味。倘若再配上地道的意大利白兰地酒，那也算是真正体验到意大利美食的真谛啦。

◎ **蔬香三文鱼**

蔬香三文鱼是目前在法国流行的一种烹调方法。选用胡萝卜、西兰花、甘蓝、西红柿等榨成蔬菜汁，把三文鱼在蔬菜汁中煮到七成熟左右，撒上调味料，用橄榄油迅速油煎。在这一过程中要快速翻动，让三文鱼外焦里嫩，营养不流失。煎好以后淋上一点柠檬汁，可以让人胃口大开。蔬香三文鱼鲜而不生，非常适合中国人的口味。这种吃法很适合用在晚餐，

↑ 烤三文鱼

↑ 蔬香三文鱼

↑三文鱼煲仔饭

可做主食，也可做配菜。蔬菜的维生素补充了三文鱼在高温烹调中流失的营养元素，是非常合理的搭配。如果把蔬菜换成水果，做出来的菜品别有一番风味。

◎ 三文鱼煲仔饭

　　煲仔饭是广东的传统美食。瓦煲除了指一种盛器，还指烹调方法，用瓦做成的"煲"区别于"砂锅"，在火候控制方面比较灵活，煲出来的饭也较为香口。广式煲仔饭的风味有20余种，如腊味、冬菇滑鸡、豆豉排骨、猪肝、烧鸭、白切鸡等。三文鱼煲仔饭当属其中的贵族。米在入锅煲之前要滴几滴香油拌匀，砂煲底部也要刷上一层薄薄的食用油。把煎好的三文鱼块铺在米饭上面，点缀以西兰花、圆葱和胡萝卜，再加入适量XO酱调料即可。食用煲仔饭最不能错过的就是锅巴，瓦煲的锅巴不但干香酥脆，而且还吸收了整个煲的精华，食之齿间留香，回味无穷。

全身是宝的三文鱼

　　三文鱼全身是宝。除了鱼肉以外，鱼子用清酒和酱油腌制，颜色橘红，晶莹璀璨，可生吃，也可用以点缀菜肴，更能单独成菜（鱼子酱）。鱼头可以红烧、清炖、蒸，也可加入调味品做成咖喱鱼头、豆豉鱼头等菜品。鱼尾可做成热菜干煎、豆豉蒸鱼尾等。鱼骨过滤、去渣后是入汤的好材料。背椎骨碎肉可做鱼丸、鱼饼、炒饭。连鱼皮也不会浪费，风干后油炸，脆香而不油腻，风味非同一般。

名士"风骨"——鲈鱼

> 江上往来人，但爱鲈鱼美。
> 君看一叶舟，出没风波里。
>
> —— 宋·范仲淹《江上渔者》

　　鲈鱼，又称鲈鲛，也称花鲈、寨花、鲈板、四肋鱼等，分布于太平洋西部、中国沿海，江河入海处的咸、淡混合水域最常见。《本草纲目》有对它的详细描述："黑色曰卢，此鱼自质黑章，故名。长仅数寸，状微似鳜而色白，有黑点，巨口细鳞，有四鳃。"鲈鱼鱼身呈青灰色，生长于淡水中的颜色浅白，两侧和背鳍上有黑色斑点，因每个鳃盖上有一条较深的折皱，看上去好像有四个鳃，所以有人把它叫做"四腮鲈鱼"。

　　鲈鱼与太湖银鱼、黄河鲤鱼、长江鲥鱼一道，并称为中国"四大名鱼"，属出口品种。鲈鱼肉质洁白、清香，宋朝诗人刘宰曾大书其鲜美："肩耸乍尺协，腮红新出水。呈以姜杜椒，

↓鲈鱼

↑莼鲈之思

诗句中的鲈鱼

直须趁此筋力强，炊粳烹鲈加桂美。
——北宋·梅尧臣
扁舟系岸不忍去，秋风斜日鲈鱼乡。
——北宋·陈尧佐
西风吹上四鳃鲈，雪松酥腻千丝缕。
——南宋·范成大
十年流浪忆南京，初见鲈鱼眼自明。
——南宋·陆游
白雪诗歌千古调，清溪日醉五湖船。
鲈鱼味美秋风起，好约同游访洞天。
——明·李时珍

未熟香浮鼻。河豚愧有毒，江鲈渐寡味。"

鲈鱼文化

《晋书·张翰传》中记载了一个故事，它与此后鲈鱼的出名有莫大的渊源：西晋八王之乱时，张翰在洛阳为官，见秋风起，突然思念起家乡吴中的菰菜羹、鲈鱼脍，遂弃官南归，曰："人生贵适志，何能羁宦数千里，以要名爵乎？"这种潇洒的浪漫主义举动，恐怕只有魏晋时期的风流名士才能做得出来。

此后，"莼鲈之思"成了思念家乡的成语，张翰的典故也成了文人清客感叹的材料。李白在《行路难》中说："吴中张翰称达生，秋风忽忆江东行。且乐生前一杯酒，何须身后千载名。"无疑，张翰那种豁达态度是很受诗仙心仪的。辛弃疾的词中也曾多次以鲈鱼来形容自己报国不成不如归去的矛盾心理，最著名的有："把吴钩看了，栏杆拍遍，无人会，登临意。休说鲈鱼堪脍，尽西风，季鹰归未？"

可以说，张翰给鲈鱼在鲜美之外又加上了一层精神色彩。经过历代文人数百年间的敷衍与发扬，鲈鱼更是声名大噪。

虽说鲈鱼在中国沿海均有出产，但最为有名的还属吴中松江府的四腮鲈鱼，历史上有很多关于其美名的记载。例如，《三国演义》曾写道，曹操大宴宾客，山珍海味，琳琅满目，但还是遗憾缺少了松江鲈鱼这道名菜。一个叫左慈的人站出来"变"出了一条松江鲈鱼，引得满座宾客惊叹不已，众心欢喜。隋炀帝被松江鲈鱼的精美可口打动，盛赞其为"东南佳味也"。乾隆皇帝下江南，当然也不会错过这道美味，吃过之后毫不吝惜地御赐"江南第一名菜"的称号。到了现代，松江鲈鱼的风采地位仍不减当年，1972年美国总统尼克松访华时来到上海，在周恩来总理亲批的菜单里，松江四鳃鲈鱼毫无疑问地名列其中。

淡汤浓汁总相宜

鲈鱼肉质坚实洁白清香，无腥味，肉如蒜瓣，无论清蒸、红烧或炖汤，都别有一番风味。

◎ 清蒸鲈鱼

对于大多数海鱼来说，只有清蒸，才能最突出其本身的鲜甜味道，鲈鱼也不例外。要注意，收拾鲈鱼时不要从肚子部位取内脏，而是拿筷子从嘴里把内脏绞出来，这样可以保证鱼的新鲜完整。鲈鱼洗净后先用盐腌半小时，然后依次将料酒、油、泡椒水等浇在鲈鱼上；将葱丝、姜丝均匀地铺在鲈鱼上；等蒸锅水开后将鲈鱼装盘用竹筷架入蒸笼，蒸7~8分钟撒上香菜段即可。鲈鱼肉嫩如豆腐、香如蟹肉、清淡爽口，而且依据中医所说，它性温味甘，有健脾胃、补肝肾、止咳化痰的作用。

◎ 孔雀开屏鲈鱼

此菜不但味道鲜美、老少皆宜，而且寓意喜气洋洋、金玉满堂、年年有余，所以是逢年过节时餐桌上的主角。但你不要被这样重量级的一道菜吓得却步了，它的做法其实

↑清蒸鲈鱼

↑孔雀开屏鲈鱼

非常简单：将活鱼刮鳞，去鳃，去内脏清洗干净；切掉鱼头鱼尾，鱼身部位从背部向腹部切，但注意不要切断；葱、姜切丝和鱼一起放容器中，倒入料酒和少许盐抓匀腌制半小时；将腌制好的鱼在盘子里摆出孔雀开屏的姿势；上蒸锅蒸8分钟，关火后2分钟再掀盖取出倒掉多余汤汁；锅内放油烧热，爆香葱、姜后取出不用，倒入蒸鱼豉油一大勺；最后将蒸鱼豉油料汁均匀浇在鱼身上，鱼身用葱花和泡发的枸杞点缀即可。

◎ 红烧鲈鱼

鲈鱼虽以清蒸居多，但若喜欢吃口味重的，红烧亦是好选择。将海鲈鱼去鳞，洗剥干净。在鱼身上打花刀，用料酒、姜片腌制15分钟；取下姜片，沥干料酒，鱼身上拍面粉备用；锅内放适量油，待油热后下海鲈鱼两面煎至金黄关火；鱼身上淋白酒，放葱片、姜丝、干红尖椒、花椒、大料、桂皮、盐、糖、老抽、醋及没过鱼身的水，大火烧开，转中火炖制，汤汁将尽时即可出锅。滋味咸鲜，佐酒下饭，不输清蒸，真是"欲把鲈鱼比西子，淡妆浓抹总相宜"。

◎ 归芪鲈鱼汤

鲈鱼煮汤味道鲜美，具有强身保健作用。《嘉祐本草》记有："补五脏，益筋骨，和肠胃，治水气。"《本草备要图说》记有："补中益气，亦能安胎。"归芪鲈鱼汤是一道很好的补身汤，广东民间用以治疗小儿消化不良、妇女妊娠水肿、胎动不安等疾患。将鲈鱼去鳞、鳃及内脏，洗净；当归、黄芪分别用清水洗净，与鲈鱼一齐放入炖盅内，加清水适量和少许食盐，炖盅加盖，置锅内用文火炖熟，即可食用。尤其是秋末冬初，成熟的鲈鱼特别肥美，肉白如雪，鱼体内积累的营养物质也最丰富，此时是吃鱼的最好时令，有"西风斜日鲈鱼香"之说。

↑红烧鲈鱼

↑归芪鲈鱼汤

秋日滋味——秋刀鱼

> 秋刀鱼是忠实的报秋鱼，一烤秋刀鱼，便像是风吹透心中隙缝，凉飕飕的感伤随即涌上来。
>
> —— 日·小津安二郎《秋刀鱼之味》

对文艺青年而言，秋刀鱼这个名字之所以深入人心，有赖于小津安二郎的电影《秋刀鱼之味》。虽然这部电影并不是专门讲秋刀鱼的，但看过之后，"秋刀鱼"这个名词就此刻入记忆中，简直成了每到秋天就要联想起的食物之一。

↑秋刀鱼

秋刀鱼体型侧扁，棒状，背部深蓝色，腹部银白色。人们把它叫做秋刀鱼，可能是因为其体型细长如刀，而且生产季节在秋天的缘故。秋刀鱼生活在太平洋北部的温带水域里，在日本料理中是种很常见的鱼。秋刀鱼虽然外形狭长瘦削，其实肉质中却富含油脂；尤其是秋季，脂肪最为丰富，有人把秋刀鱼叫做"报秋鱼"。每年的10月下旬到11月上旬秋日来临之际，是秋刀鱼最肥美的季节，无论怎么烹调都很好吃。

↑科威特秋刀鱼

↑秋刀鱼便当

秋刀鱼之味在深处

秋刀鱼不是昂贵之物，虽然听上去像是非常经典的日本料理，但实际上在日本的食用鱼中它相当家常，算是物美价廉的"平民"美味。日本主妇为家人准备的便当盒里，大多会有秋刀鱼的一席之地。

日本人吃秋刀鱼，喜欢不去内脏，因为秋刀鱼在最肥时肚子里储存了大量的脂肪，美味也来源于此。据说，把内脏连同鱼肉一起烤制的方法是民间的发明，因为男人们颇喜欢用口味清苦的内脏来下酒。从前日本小恋人打闹时，女孩子就会撒娇："哼，鱼肉都归我，内脏归你！"孰料此举正中男子下怀：内脏下酒，风味绝妙。女子也满意，拿出一副未来的主妇派头，剁一碗细细的萝卜泥，配上酱油，鱼肉肥美，就着米饭，吃上去温和暖人。

秋刀鱼是属于秋天的食物，除了在秋天它最为肥美，也可能是因为它狭长的身姿、略带清苦的口感而招人喜欢。周杰伦在《七里香》中唱道："秋刀鱼的滋味，猫跟你都想了解。初恋的香味就这样被我们寻回。"不论滋味如何鲜香，"秋刀鱼"这几个字总给人带来清寂的联想，使其味道充满了深意和韵味。秋刀鱼内脏之苦，恰处于似有若无的微妙境界，就着秋日的景致，似乎也别有了一种韵味，暗合了秋天这个季节带给人的联想——纵是美好却不免带有淡淡的涩意，其中有着不言而喻的感伤意味，就像电影里的台词："春日晴空放，樱花正灿烂，独自一人尽茫然，想起秋刀鱼。"但这样清苦的滋味和混沌的内在，要理解它，好像不是单靠味觉才够。感受秋刀鱼的滋味，也许需要动用的不只是味觉，还有日常生活的诸多历练吧。

秋刀鱼的经典烹调方法

作为家常美味，秋刀鱼衍生出各种各样的做法，热爱这道美食的人可尽情一试。

◎ **盐烤秋刀鱼**

日本作家佐藤春夫在诗中曾赞赏秋刀鱼："秋刀鱼，秋刀鱼，吃着滴上青橘酸汁的秋刀鱼，是此人故乡的习俗。"正如诗中所说，秋刀鱼加盐烤后再浇上柠檬汁或柑橘类酸汁来吃，味道十分鲜美。而这也是秋刀鱼最著名的吃法：盐烤秋刀鱼。

将秋刀鱼涂上上好的海盐，在小火炉上烤至全身金黄，油花噼啪作响，散发出迷人的香味。一口吃上去，它的滋味有些难以形容，有着淡淡的清苦，因为是连同内脏一起烤制的缘故，也是盐烤秋刀鱼最大的特色。此时的鱼肉，吃上去满口油脂香，不但适合配酒，更适合下饭。吃一口米饭，夹一口鱼肉，这样的饭食一眼看上去似乎有些单调，但吃在嘴里却是充实的满足与幸福。

◎ **油浸秋刀鱼**

将秋刀鱼烤熟后，用蒜油浸没，再用醋蒸，这也是在日本很受欢迎的秋刀鱼吃法。好的秋刀鱼，鳞片泛着明亮的光泽，鱼肉完整，具有弹性。用炭火烤熟，去油，蒜油浸没，加醋蒸20分钟，发亮的鱼身滋滋渗出脂肪沫，鱼肉散发浓郁香味。有鱼怎可少了酒？秋刀鱼最好的搭档非日

↑盐烤秋刀鱼

↑秋刀鱼刺身

↑秋刀鱼寿司

本清酒莫属，或重味，或清淡，或温和，是这个季节不可或缺的美妙享受。

◎ **秋刀鱼刺身**

鱼生吃的口感和烤熟的秋刀鱼迥异，是品尝秋刀鱼的新境界。新鲜的秋刀鱼，口感同样肥美，蘸一点用苹果醋、萝卜泥、生姜等做成的浆汁，鱼肉被衬托得既鲜美又爽口。要做秋刀鱼刺身，鱼肉必须绝对新鲜。而且，做秋刀鱼刺身的师傅需要有相当的经验，因为秋刀鱼个头狭长，所以在去除鱼鳞和鱼皮之后，有些师傅仍然会把它挽成鱼的形状，以保持其形态之美。

另外，做秋刀鱼刺身，当然不会再用到鱼的内脏；不过，内脏且留着，另有妙用。用到内脏的这一款，就是秋刀鱼寿司了。

◎ **秋刀鱼寿司**

米饭捏成饭团，将鱼肉与饭团黏合，做成秋刀鱼寿司，最后在寿司上配上萝卜泥以及生姜等。秋刀鱼寿司往往会对鱼肉的表皮略为烤制，以突出鱼肉的油脂香。而秋刀鱼的内脏，主要是肝，会被做成寿司的浆汁。具体的方法是将内脏用重盐腌制3小时，洗净后磨成，浇在寿司上调味，别有一番风味。

身披铠甲的经典海鲜
——虾蟹

　　民间素有"虾蟹上桌，可顶百味"的说法，这两种带着铠甲的动物，它们高贵堪比参鲍，口感不让贝类，鲜美不输鱼类。从市井小吃到饕餮宴席，从寻常百姓到美食大家，无不对之津津乐道，爱不释口。

　　虾蟹虽仅用一词统称，但旗下可谓大有千秋，正所谓"巧手烹得天下味，方寸之地展乾坤"。通体火红的龙虾，在坚硬的外壳之下是柔嫩的人间美味，大者两只大钳就够你吃一顿，小者可以一盘接着一盘下肚而浑然不觉。"秋风响，蟹脚痒"，金秋时节，螃蟹黄满，肉嫩味美，正是吃蟹好时节！"右手执酒杯，左手持蟹螯，拍浮酒船中，便足了一生矣"。古人的这种悠然自得，羡煞今人也。

海中"甘草"——虾

笋为蔬食之必需，虾为荤食之必需，皆犹甘草之于药也。善治荤食者，以焯虾之汤，和入诸品，则物物皆鲜，亦犹笋汤之利于群蔬。笋可孤行，亦可并用；虾则不能自主，必借他物为君。若以煮熟之虾单盛一篮，非特华筵必无是事，亦且令食者索然。惟醉者糟者，可供匕箸。是虾也者，因人成事之物，然又必不可无之物也。"治国若烹小鲜"，此小鲜之有裨于国者。

—— 清·李渔《闲情偶寄》

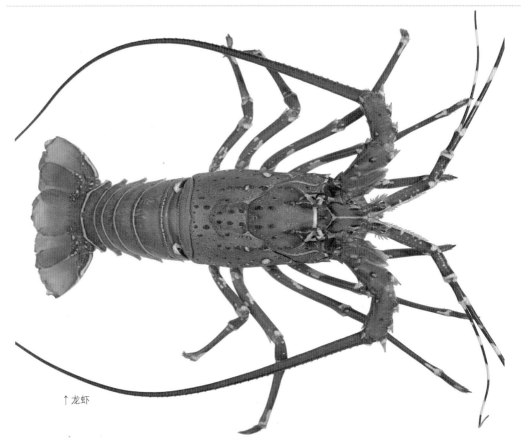

↑龙虾

海虾略知一二

海虾，是口味鲜美、营养丰富的海味，可制作多种佳肴，有菜中之"甘草"的美称。我们常说的海虾主要有龙虾、对虾、白虾等。海虾与河虾营养价值不相上下，但由于肉的韧性好，吃起来有嚼头，所以口感比河虾要好一些。下面选取大家最为熟悉的两种虾作简要介绍。

龙虾——虾类中的老大哥，色彩鲜艳，肌肉纤维比较粗糙，不像其他虾那么鲜嫩。据说，龙虾的原产地之一是美国，学名是"克氏螯虾"，后传到日本，又随着日本的进口木材到了中国，中国人根据虾的外形似龙而把它叫做"龙虾"。

大龙虾是名贵的食品，其肉滑脆，鲜腴可口，是亚洲地区传统的高级海鲜。目前市场上龙虾的价格比较昂贵，主要因为它们大部分是从澳大利亚进口。澳大利亚龙虾通体火红色，爪为金黄色，体大肥美。

对虾——"渤海海中有虾，长尺许，大如小儿臂，渔者网得之，两两而合，日干或腌渍，货之谓对虾"（郝懿行《记海错》）。对虾因古时常成对出售，故而得名。又因其通体透明，如冰雕玉刻，故又叫明虾。中国对虾是世界三大名虾之一，以其肉厚、味鲜、色美、营养丰富而驰名。

盘中好味

虾的口感不让贝类，鲜美不输鱼类，既无鱼腥，又无骨刺，让人百吃不厌。

↑澳大利亚龙虾

有食客认为，雌性龙虾比雄性龙虾的味道更胜一筹，所以吃龙虾时喜欢选择雌的。怎么辨别雌雄呢？可以看看龙虾的胸腹之前第一对爪部的末端，如果呈现开叉形状，就是雌虾；如果是"单爪"且没有开叉，那就是雄虾了。

↑对虾

◎ **红烧大对虾**

红烧大对虾是鲁菜中脍炙人口的名菜佳肴，其色泽之美、口味之佳，久为人们所称道。大虾的红烧与红烧肉不同，既要入味，却又不能抢了海鲜本来的鲜味。因为虾本身就有鲜味，所以一般不需要用太多的辅料。经过油爆后的大虾，吸收了蒜的香味，加之生抽激味，虾身弹滑，口感之鲜、味道之香、颜色之美瞬间就能使人倾倒。食毕虾肉后，将虾汁拌饭，一盘虾连肉带汤，转眼间就能"消灭殆尽"。

↑红烧大对虾

◎ **大虾炒白菜**

大虾一定要选用新鲜的春对虾，因为只有新鲜的春对虾才能炒出虾脑，它是这道菜的精华。其次，白菜要用手撕而不要用刀切，只留鲜嫩的菜叶。将对虾两只平放在案板上，从脊背处入刀，将虾背剖开，挑出沙线，切成几段；热锅加油，油热后加入葱花煸出香味，然后放入大虾煎至微红，用铲子或勺子轻按虾头，将虾脑挤出，然后放入白菜大火翻炒几下，加盐调味即可。大虾红中透白，白菜白中带红，那颜色纯正极了。吃一口，虾脑香嫩，虾肉香中带甜，白菜甜中带香。

↑大虾炒白菜

◎ **虾皮烘肉**

虾皮是海产毛虾煮熟后晒干或烘干的成品，味道鲜美，富含钙质，拌食、氽汤、作馅皆是上选。《调鼎集》有关于它的记载："筛去细末，拌麻油、醋。虾皮末入各汤用，颇鲜。"在"虾皮烘肉"中，虾皮并非配角，而是缺之不可的，烘云托月，计玉轮洁白生辉。丁宜曾《农圃便览》中有"虾皮烘肉"的详细记载："用猪腿粗肉切薄片，温水少洗，香油炒半熟，进多酱并醋、椒、苘末少量。炒至汁将干，将虾皮搓往糠、入肉锅内，不拘几，以拌干肉汁为度。可久留。如远行，摊细夏布上，用杉木烟少熏之。"

◎ 虾饺

虾饺是广东十大名点之一，一个只有你手掌1/4大小的虾饺表面镶嵌着16道"花纹"，如雕刻艺术品。一侧小肚子凸起，另一侧往里头陷，似一弯月牙，小巧精致，完全体现了广东人的审美观与口感。要选购一斤有30多只的小海虾，跟中指一般大小，太大了，包进面皮中还要剪成若干段，免得加热后"蹦"起插穿薄皮。买回来的虾要用盐腌制，以使虾肉更加爽口弹牙有味道。煮熟后，虾饺皮薄而半透明，皮内虾身隐约可见。

↑虾皮烘肉

↑虾饺

肉美膏肥——螃蟹

> 蟹之鲜而肥，甘而腻，白似玉而黄似金，已造色、香、味三者之极，更无一物可以上之。
>
> —— 清·李渔《闲情偶寄》

　　螃蟹的种类很多，在中国就有600种左右，通常食用的海蟹有花蟹、梭子蟹和青蟹三种。吴歌中有"秋风起，蟹脚痒；菊花开，闻蟹来"的描述。秋风送爽时，蟹肥菊香，正是品尝螃蟹的最佳季节。用餐时螃蟹通常是作为最后一道菜端上来，以免先吃了蟹后其他菜品会食之无味，有"螃蟹上席百味淡"之说，盛言其美。

↓螃蟹

花蟹　　因为壳上有美丽的彩色花纹，故名花蟹。蟹壳上面有离奇图案，蟹盖两面尖形，螯大布满蓝点，跟海水的颜色一样。双螯的边缘呈殷红色，煮熟时两螯红得很美丽。美中不足的是花蟹的膏黄很少，螯也较瘦瘪。

花蟹

梭子蟹——蟹盖两边各有一个尖角，好像中国旧式织布机上的梭子，所以称为梭子蟹。它种类很多，有名的像三疣梭子蟹、三星梭子蟹和远游梭子蟹等，是全国产量最大的海蟹，也是全国沿海地区的大众食品。为能够常年食用，民间将梭子蟹用生盐渍制，做成咸梭子蟹，是佐饭极品。

青蟹——产于咸淡水交界处，在宝安、番禺、中山以及岭东潮汕一带都有出产。这种螃蟹不但肉质极其鲜美，打开蟹壳，可见一层蛋黄色的"顶角膏"覆盖在雪白的蟹肉上。雌的叫做膏蟹，膏黄特别丰满；雄的是肉蟹，两螯特别肥大，入口鲜美嫩滑，回味无穷，真可谓"执杯持蟹螯，足了一生事"。

梭子蟹

从传说到美食

鲁迅先生曾说："第一个吃螃蟹的人是很可佩服的，不是勇士谁敢去吃它呢？"

相传，第一个吃螃蟹的人确实是个勇士。几千年前，我们的祖先已在江南创建出一个鱼米之乡，可是丰收在望之时，江河湖泊里却冒出了许多双螯八足、形状凶恶的"甲壳虫"，它们闯进稻田偷吃谷粒，还用犀利的螯伤人，先民们把这种虫叫做"夹人虫"。

后来，大禹到江南治水，任命壮士巴解为督工，与"夹人虫"展开大战，死伤甚多。巴解想出一个妙计，让民工掘深沟，沟中灌入沸水，升起火堆引来

青蟹

莱州大螃蟹是莱州的著名特产。莱州曾用名掖县，古时是莱州府所在地。莱州大蟹的锯齿形似梭子，故称"三疣梭子蟹"。这种蟹个大味鲜，肉质细嫩。雌蟹的卵块，雄蟹的脂膏，螯里雪白粉嫩的蟹肉，吃起来更是鲜美可口，令人回味。

还有青岛的会场梭蟹，肉色洁白，肉质细嫩，膏似凝脂，味道鲜美，为海蟹之上品。

"夹人虫"。"夹人虫"果然纷纷跌入沸水沟中被烫死，且散发出一股鲜美香味。巴解大着胆子咬了一口，味道鲜美，民众聚而食之。就这样，被人畏如猛兽的害虫一下成了家喻户晓的美食。人们为了感念敢为天下先的巴解，用"解"字下面加个"虫"字，称"夹人虫"为"蟹"，意为巴解征服了"夹人虫"，是天下第一食蟹人。

这只是一个传说，到底谁是第一个吃螃蟹的人，我们已经无从考证，只知道自从人们尝到鲜之后，便一发不可收拾。明代李时珍曾赞美说："鲜蟹和以姜醋，侑以醇酒，嚼黄持螯，略赏风味。"清朝李渔终生嗜蟹如命，人称"蟹仙"，他所食山珍海味无数，得出这样一个结论："天下事物之美无过于螃蟹者！"他还特地作了《蟹赋》来歌咏之，足见其痴迷程度。

如今，在金秋时节持蟹斗酒，赏菊吟诗，依然被人们看做人生一大美事。

螃蟹的常见烹调方法

痴迷于吃螃蟹的李渔曾说过："螃蟹终身一日皆不能忘之，至其可嗜、可甘与不可忘之故，则绝口不能形容之。"虽形容不出，但可以自己去品味。下面就介绍几种有代表性的螃蟹烹调方法。

◎ 清蒸螃蟹

蟹有多种吃法，但公认最鲜美的烹调方法就是清蒸，正如袁枚在《随园食单》所说"蟹宜独食，不宜搭配他物"。清蒸是备受老饕们推崇的食蟹方法。挑选个大、肢体全、活力强的蟹，放在清水里洗净，用绳或草把它的两个夹子和八条腿扎紧成团状，入锅隔水蒸熟。吃蟹有很多讲究，蟹胃、蟹心、蟹腮等是不能吃的。而且要把最好的留在最后，吃的顺序依次是蟹腿、蟹钳、蟹黄、蟹肉。

↑ 清蒸螃蟹

吃蟹时醋和姜是不可缺少的两样佐料，醋是提味，姜是祛寒，可谓相得益彰。

◎ 醉蟹

醉蟹的烹调技巧以腌制为主，口味属于咸鲜。这种技法的创制本是不得已而为之，因为螃蟹上市就在9~10月份，爱蟹之人不能忍受没有蟹相伴的日子，于是就想出了保存螃蟹的办法，那就是把螃蟹泡在酒缸里制成醉蟹，可以久存不坏，待到嘴馋时取食。此时的螃蟹虽然不再鲜活，但是有了美酒的醇香，另有一番滋味在心头，人称"不见庐山空负目，不食醉蟹空负腹"。

↑ 醉蟹

↓辣椒螃蟹

◎ 辣椒螃蟹

　　辣椒螃蟹是新加坡的民间"国菜"，到新加坡旅游的人几乎都要慕名点上这道菜。辣椒螃蟹其实并不是很辣，味道酸甜，甜中带辣，螃蟹更是保留了鲜嫩的特点。做辣椒螃蟹有专门的酱料，是用蒜、葱、姜、蒜蓉辣酱、番茄酱、盐、糖等再加上几种东南亚特色的香料调制而成。制作新加坡辣椒螃蟹选用的是斯里兰卡蟹王，平均一只就有1千克以上，通常是两个人点一只螃蟹，光那一只钳子就够你吃半天的。

"铁甲勇士"——虾虎

> 虾蛄者，辽东、直隶、江浙一带自古有之，宁德所产颇为健壮肥美，百姓得而蒸之，佐永春醋，是为本地食风。
>
> —— 清·张君滨编《宁德县志》

初识虾虎

虾虎，又叫虾蛄，也叫做爬虾、皮皮虾、琵琶虾等。全世界约有400种，绝大多数生活于热带和亚热带，少数见于温带。在中国沿海均有，南海种类最多。

虾虎营养丰富，且其肉质松软，易消化，对身体虚弱以及病后需要调养的人是极好的食物；虾虎是蛋白质含量很高的海鲜之一，其含量是鱼、蛋、奶的几倍甚至十几倍，而且是营养均衡的蛋白质来源。

虾虎好吃壳难开。虾虎的硬壳可谓一道坚墙固垒，所以想吃虾虎需攻坚克垒。尤其是腹部的脚足部分，颇为锋利，吃的时候很容易扎破手指。年岁稍大的虾虎，其外壳就更不是一般人

↑虾虎

徒手可以解决的了，需要佐以工具。可以用筷子顶开，也可以使用剪刀。但沿海人民也有徒手格斗虾虎的神技：双手将虾虎首尾捉住，轻轻抖动，抚摸虾壳几次，从尾部一揪，肉和壳就会分开。据说福建也有类似秘法，且都是家中长辈从小就会传授的技术。

英勇的"王"母虾虎

母虾虎与公虾虎最明显的区别在于母虾虎的胸前有个鲜明的"王"字，据说这个"王"字还有来历呢。

传说当年鱼族欲独霸海洋，气势汹汹发动战争，想消灭鱼族之外的所有生物，终于鱼、虾两族兵戎相见。老虾王召开全虾族大会，想让虾多势众、脾性猛烈的毛虾出战，不料，毛虾都想等虾王老去争夺王位不肯出战，而其他虾吓得瑟瑟发抖、畏葸不前。老虾王已无力再挂帅亲征，无奈之下，只得选择与鱼族和解，从此世世代代做鱼族的奴仆。鱼族到来的那一天，鱼族在虾族的土地上肆意行凶，见虾就杀，而毛虾居然伙同鱼族，趁火打劫。一只母虾虎看到同伴被杀，悲痛万分，它立即号召所

救命虾虎

不要小看这小小的虾虎，在三年自然灾害时期，粮食短缺饿死了不少人，多亏海边突然大量繁殖的虾虎，能下海的人天天都是满载而归，人们用虾虎充饥，救了一方人的命。

虾虎虽然救过人们的命，但人们对它却不"厚道"。虾虎很爱干净，洞内容不得丁点沙子，一有异物便会不停清扫，人们便利用虾虎的"洁癖"，用钓具把它引出洞来捕获，做成餐桌美味。

有的虾虎起来反抗。经过几个昼夜的殊死搏斗，战争终于平息，鱼族退出虾族的领地，在这只母虾虎的带领下，虾族取得了保卫家园的胜利。

老虾王用虾族最高礼仪迎接凯旋的虾虎斗士。由于虾虎的英勇斗争，维护了水族的平衡，龙王也特来祝贺。龙王鉴于虾虎的英勇表现，特地奖给虾虎全副铠甲。为特别表彰母虾虎，赐给它们"王"字标志，佩戴胸前。而作为惩罚，毛虾被贬，不得不缩小身体，从此生活在海泥之中。

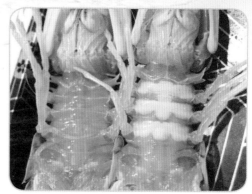

↑公虾虎与母虾虎

虾虎的经典烹调方法

春季是吃虾虎的黄金季节，肥壮肉鲜。虾虎烹调方法因地而异，莱州人喜欢把虾虎用盐腌一两天生吃，据说这样吃具有活血生津、壮阳补肾等药用功能。老青岛人则喜欢把虾虎去尾，用擀面杖由头至尾将虾肉擀出来，再进行烹制。在众多做法中，以蒸或煮为首选，最经典的莫过于清蒸与椒盐。

↑清蒸虾虎

↑椒盐虾虎

◎ **清蒸虾虎**

虾虎洗净，放入锅中蒸熟，标志是壳变成红色，然后夹出摆放盘中，醋、姜末、盐、香油调成汁，蘸着吃即可。吃法有二。

一筷到顶：将虾虎背朝下，用一根筷子从虾虎的尾部与躯干连接处插进去，一直抵到虾壳，再向上插到虾头处。一只手握住虾身，用筷子向上一撬，虾腹就与虾壳完全脱开，即可大快朵颐。

节节开：顺着虾身由上至下剥，注意要顺着虾壳硬刺的方向慢慢剥开，剥开一节后顺势绕虾身剥下去，一节一节地整个虾肉就能比较完好地露出来。尾部的虾肉最好先用牙签剥离一下，然后再整个拔出，一个比较完整的虾虎肉就剥成了。

◎ **椒盐虾虎**

将虾虎洗净焯至虾虎身呈红色，剥下虾虎头、尾，去掉虾虎壳，将虾虎肉洗净，切成短段，用生抽、粟粉腌制，分别将虾虎头、尾、肉炸至七成熟；加入清汤烧滚后，即下虾虎头、虾虎尾、虾虎肉、精盐、味精、胡椒粉、葱末，炒匀，待汤汁快要收干时包尾油；装盘时，虾虎头、尾与虾虎肉对称砌成虾虎形，用湿淀粉勾芡，淋上即成。这样做的虾虎肉鲜皮酥，既可去壳取肉吃，可带壳一块儿嚼，虾壳也是不可多得的美味。

大海里的养生蔬菜

——海藻

  品尝食物，亦如品尝人生。海藻食物初看之清淡平常，细品之却有滋有味，那是人生浮华阅尽之后归于平淡的真味。

  "生日汤"中的海带是母亲的味道，母亲知道我们腹中的饥饱，心中的冷暖；冰凉甘甜的石花菜凉粉是童年的味道，穿过幽暗曲折的记忆直抵我们内心最柔软的地方；紫菜是知足的味道，潮汕渔民在木炭炉边围坐烤食，"哗"一下着火了，便赶紧用手拍灭，那种快乐满足如今已难以寻觅……

  美食的功能，并非只是对于胃之空虚的填充、对于容颜之美的滋补，更重要的是能够借之辅之，怡情悦性，参悟人生。一碗海凉粉，一钵海带汤，一张紫菜，亦可品出不同于常人的心性来。

长寿海菜——紫菜

> 紫菜生南海中，附石，正青色，取而干之，则紫色。
>
> ——唐·孟诜《食疗本草》

↑干紫菜

　　著名的《自然》杂志上有文章称，科学家最新研究发现，只有日本人才能消化包寿司的紫菜并获取能量，而北美人就没有这种能力，或者说，日本人的胃天生就是为寿司而生的！因为很久很久以前，紫菜就成了日本人饮食的一部分，那时没有无菌消毒，于是人们吃紫菜时不可避免地吃进了紫菜上的海洋微生物，肠道从此也就携带了能分解海藻的遗传基因，并具备了消化紫菜获取能量的能力。

　　紫菜也叫做索菜、子菜、甘紫菜、海苔，是一种营养丰富的食用海藻。由于它干燥后呈紫色，再加上可以入菜，因而得名"紫菜"。日本、韩国把紫菜叫做"海苔"。紫菜营养丰富，尤其是含碘量很高，1 000多年前就上了人们的餐桌，到现代它还是人们预防高血压、癌症、糖尿病等的健康食品，被誉为"神仙菜"、"长寿菜"、"维生素宝库"。我们在超市常见的那种质地脆嫩、入口即化的美味海苔就是将紫菜烤熟再添加调料做成的。紫菜的种类很多，常见的有坛紫菜、条斑紫菜和圆紫菜三种。紫菜的消费大国都在亚洲，日、韩两个国家的很多人都将紫菜当成生活中不可缺少的食品，如我们最熟悉的日本的紫菜寿司和韩国的紫菜包饭。

"海洋蔬菜"的诞生

中国汉代以前就有食用紫菜的记载，北魏贾思勰所著的农书《齐民要术》中，已提到"吴都海边诸山，悉生紫菜"。潮汕因为濒海，采收和食用野生紫菜的风气古已有之。李时珍曰："紫菜生南海中，附石，正青色，取而干之，则紫色。"到元代时，汕头南澳岛的名特产"南澳紫菜"甚至出口外销了。明代笔记著作《五杂俎》更是把紫菜与荔枝、蛎房、子

> **紫菜也有三六九等**
>
> 紫菜有点像韭菜，长成后可以反复采割：第一次割的叫头水紫菜，第二次割的叫二水紫菜，以此类推。人们以采集时间的先后来判断紫菜的质量。头水紫菜特别细嫩，口感顺滑，颜色乌黑，营养最为丰富；二水紫菜质量比头水稍逊色；三水紫菜是紫菜好坏的分水岭；四水紫菜质量比较差。超市里卖的比较好的紫菜一般是三水或四水的，差的就是七水或八水的了。

↑ 紫菜的人工养殖

鱼一起，作为福建的"四美"。史书还记载"浪常粗则产量丰，浪常平则寡"，即越是海面浪大的地方，紫菜产量越大。在自然条件下，采紫菜是一件充满危险性的工作。采收者需要腰间绑着绳索沿崖壁下到礁石间工作，如果巨浪打来，上面的人就要迅速地把绳索拉起；拉得太迟或者绳索断了，"不被淹毙亦成荠粉矣"，以致至今沿海一带仍然流传有"浪险过拍紫菜"之说。

300多年前，福建地区的人们已懂得用洒石灰水或放竹帘等方法繁育紫菜，食用也普及至内地。20世纪50年代，科学家研究出紫菜孢子的培育方法，紫菜实现了大规模的人工养殖。紫菜虽产于海中，但晒干后可长期贮藏。由于食用普遍且价格低廉，紫菜成了一种走入千家万户的"海洋蔬菜"。

紫菜的常见烹调方法

紫菜做法简单，通常用来制作寿司、包饭或做成即食的汤，而简单方便正是人们喜爱吃紫菜的一个重要原因。

◎ 紫菜包饭

紫菜是韩国人餐桌上必不可少的美味之一，紫菜包饭更是百吃不厌，它的做法近似于日本的寿司，却是属于韩国的特色美食。紫菜包饭的饭很重要，是用大米、小米、糯米三种掺杂而成，又软又糯，里面除了通常的黄瓜、蟹柳、鸡蛋等，还可加进一小截腌白萝卜，使得味道清淡之外还有酸甜，很能刺激食欲。

除了包饭之外，韩国人还爱用紫菜拌饭，用传统的泡菜和紫菜加上炒熟的小鱼拌上米饭，

↑ 紫菜包饭

味道鲜美；把紫菜用辣椒酱或者大酱腌制，吃起来香辣可口；紫菜加上大葱、蒜末和凤尾鱼煮成汤……总之在韩国，紫菜有千百种吃法。可以说，除了泡菜之外，紫菜是韩国人最爱吃的一种食品了。

◎ 紫菜虾皮汤

　　紫菜的碘含量丰富，几乎是普通蔬菜的100倍；虾皮含钙丰富，两者搭配相得益彰，补碘又补钙，对缺铁性贫血、骨质疏松症有一定效果。紫菜除含有钙、磷、铁、碘和多种维生素外，还有柔软的粗纤维，用其做菜汤，不但味道鲜美，还能起到很好的润肠作用。做紫菜汤，除了虾皮之外，还有两种跟紫菜称得上是绝配的海产品：鱼丸和牡蛎。当然，紫菜在其中扮演了借味的角色。

◎ 炭烤紫菜

　　过去潮汕人在原生的状态下吃紫菜，是直接用木炭炉将紫菜烤一烤，再拍一拍，去除其中夹杂的沙石。有时太贴近火炉，紫菜就"哗"一下着火了，便赶紧用手拍灭。原先硬韧难嚼的紫菜，经过温柔的烘烤，变成了入口即化、容易被人体消化吸收的美食，紫菜特有的香味也出来了。有趣的是紫菜经过烘烤，不但没有变得更加乌黑难看，反而会由原先的黑褐色变成生机勃勃的深绿色。

　　需要提醒的是，紫菜虽然营养丰富，但从中医角度来说它属于咸寒之物，切忌常吃，尤其对平时畏寒怕冷、中气不足的人，更以少吃为宜。

↑紫菜虾皮汤

↑炭烤紫菜

海中"碘库"——海带

如今很多人都喜欢看韩剧，相信很多人都会注意到这样一种场景，过生日时，母亲总会亲手做一碗海带汤，然后温情脉脉地看着孩子把它喝光。到底海带汤和生日之间有何关联呢？

——题记

海带，又名昆布、江白菜，是褐藻的一种，形状像带子，故名。海带同紫菜一样，也是一种普遍的海洋蔬菜，因含有大量的碘质，有"碱性食物之冠"的称号。在油腻的食物中搭配海带，不仅可减少脂肪在体内的积存，还能增加人体对钙的吸收。海带干制后，所含的植物碱经

↓海带

↑晒海带

风化会在表面自然形成一层白霜，不要误以为是霉变。其实，这种白霜不但无毒，还有利尿消肿的作用。

营养学家认为，海带中所含的热量较低、胶质和矿物质较高，易消化吸收，抗老化，吃后不用担心发胖，是理想的健康食品。日本人自古以来爱吃海带，将它誉为"长寿菜"。据联合国卫生组织统计，日本妇女几乎不患乳腺癌，主要原因是食海带多。

喝海带汤习俗的渊源

在韩国，产妇都要喝海带汤，唐代类书《初学记》中有"鲸鱼产子后就吃海带，是为了治愈产后的伤口，高丽人看此情景后就开始给产妇喂海带了"的说法，这一习俗的由来还与一个故事有关。

话说从前海边住着一对打鱼的夫妇，小俩口勤劳恩爱，盼着有个孩子。后来，妻子怀了孕，夫妻俩满怀喜悦地等着孩子的降生。哪曾想分娩时妻子的肚子却疼得非常厉害，虽然最后转危为安，孩子生下后却没有奶水，求了很多偏方都没有作用。由于只能吃粮食，孩子的身体长得很不结实，夫妇俩也整日愁眉不展。两年后，妻子又怀孕了，但由于上次生产留下

↓海带汤

的阴影，夫妻二人没有了从前的喜悦。有一天，渔夫像往常一样出海捕鱼，却碰到一条大鲸鱼游过来。只见鲸鱼在水里游着游着便不动了，不一会儿竟生下了一条小鲸鱼。生下小鲸鱼之后，大鲸鱼立即游到浅滩大口大口地吞食起海带来，然后从尾部排出一团团污血，小鲸鱼也贴到妈妈的身上吸起奶来。渔夫看得目瞪口呆，却也受了启发，鱼也不捕了，赶紧采了满满一船海带回家。第二个孩子生下时，渔夫煮了满满一锅海带。说来也怪，妻子吃下海带后，不多会儿淤血便排出来，肚子不疼了，乳汁也下来了，母子都健康平安。从此每逢有人坐月子，两口子便向人家讲说喝海带汤的好处，朝鲜族产妇吃海带的习俗也一直保留到今天。

其实，喝海带汤有好处是有科学根据的。海带含有丰富的钙和碘，它可以收缩产后膨胀的子宫，并且还可以造血净血，促进血液循环，所以它是一道适合产妇的健康餐。值得提醒的是，任何事物都是"过犹不及"，海带虽好，但孕妇等不宜盲目多吃，因为碘过多会引起甲状腺功能障碍。

由于母亲坐月子时经常喝海带汤，所以对韩国人来讲，海带汤象征"出生之日"，海带汤也按惯例成了生日之汤。

海带的常见烹调方法

◎ 海带豆腐汤

在日本，豆腐配海带被认为是长生不老的妙药。据营养专家介绍，豆腐富含皂角苷成分，能促进脂肪分解，阻止动脉硬化，但是皂角苷会造成人体碘的缺乏。海带含碘，但过多食用也会使

↑日本海带料理

海带豆腐汤 →

甲状腺肿大。海带与豆腐二者同食，可使体内碘元素处于平衡状态，互补不足，可谓绝配。海带豆腐汤不但食材便宜、简单易做，而且营养丰富，是一道很好的家常菜。

↑海带排骨汤

◎ **海带排骨汤**

很多爱美的女性常会面临这样一个两难：想喝香喷喷的排骨汤又怕影响身材，有这道海带排骨汤就不用担心了。因为海带能很好地去除排骨的油腻，减少脂肪的吸收，在人体肠道中好比是"清道夫"。而且海带富含的碘和钾对身体热量的消耗和新陈代谢有很大帮助，可消除水肿，达到减轻体重、改善体型的目的，非常适合想吃肉又怕胖的女士食用。另外，海带中的碘还是体内合成甲状腺素的主要原料，常食可令秀发润泽乌黑。

◎ **凉拌海带丝**

凉拌海带丝是以海带为主要食材的凉拌家常菜。将海带洗净切丝焯水，放入辣椒油、蒜泥、葱末、芝麻、盐、香油、花椒粉拌匀就可以了。这道菜口味咸鲜微辣，常作为主菜前的开胃小菜。

↑凉拌海带丝

煮海带的误区

很多人习惯先用清水将海带泡开再去煮，可往往是炖了一个多小时，咀嚼时仍然有硬邦邦的感觉。其实，食用海带正确的做法是将未洗的海带，放在锅里煮蒸半个小时，再用清水泡上一夜，这样就会变得又脆又嫩，炖、炒或凉拌时，稍滴几滴醋，菜肴质感就大不一样了。

海洋 "琼脂" ——石花菜

你从海上来，似花非花。满枝的琼脂，飘摇在浮藻间，

——题记

石花菜是红藻的一种，在中国各大海区均有分布，它生长在浅水潮间带的礁岩上，颜色有紫红色、棕红色、淡黄色等，因为形状如珊瑚，所以也称草珊瑚或琼枝。除此之外，石花菜还有许多别名，渤海沿岸叫牛毛菜、冻菜，福建则简称"石花"或"红丝"。退大潮时，露出水面的石花菜远远望去好似束束紫红色的珊瑚花，随着潮汐的流动摇曳，别有几分韵味。

刚采的石花菜不能直接食用，必须经过阳光曝晒和反复浸漂，待到石花菜从黑红色退成黄白色半透明时才能食用。中医认为石花菜能清肺化痰、滋阴降火，尤其有解暑功效。将石花菜用文火慢熬，熬成的汤汁冷却后就成了大受欢迎的海凉粉，通体透明，犹如胶冻，清爽可口。

石花菜富含胶质，是提炼琼脂的主要原料。琼脂又叫做洋菜、洋粉、石花胶，属于纤维类食物，是一种重要的植物胶，可用来制作我们所喜爱的布丁、果冻、茶冻、咖啡冻等。

石花菜凉粉

凉粉是沿海地区人们喜欢的菜肴之一，以石花菜为原料做成的海凉粉，跟一般的绿豆或者豌豆做的凉粉不同，口感更加爽滑劲道。

在海边老人的记忆中，常常会出现小时候母亲熬的石花菜凉粉。当凉凉的、滑滑的，还带有新鲜海草味道的凉粉滑入口中，顿时从心里头往外透着舒服，比吃冰激凌、冰棍还爽快。

石花菜做成的凉粉，是一种纯正的天然绿色海洋食品，还被青岛评为"十大特色小吃"之一。用石花菜做凉粉吃，是青岛民间的传统习惯，但吃法却没有一定的成规。将石花菜放入铁锅中加水煮开，不停地搅拌，石花菜就熬成了糊状，过滤后，可以直接放在冰箱中冷藏成冻，再切成小块，当做夏日零食慢慢享用。也可以将凉粉切成条状后，加上蒜泥、酱油、香油、醋

← 石花菜

古籍中的石花菜

《本草纲目》："石花菜，生南海沙石间。高二三寸，状如珊瑚，有红、白二色，枝上有细齿，以沸汤泡去砂屑，沃以姜醋，食之甚脆。其根埋沙中，可再生枝也。一种稍粗而似鸡爪者，谓之鸡脚菜，味更佳。二物久浸，皆化成胶冻也。"

《南越笔记》："石花，产琼之会同。岁三月，入海采取。海有研石，广数里，横亘海底，海菜，其莓苔也。白者为琼枝，红者为草珊瑚，泡以沸汤，沃以姜椒酒醋，味甚脆美。以作海藻酒，治瘿气；以作琥珀糖，去上焦浮热。"

↑ 石花菜凉粉

↑ 石花冻

↑ 石花菜凉菜

等调味料做成凉拌小菜。在厦门，最常见的吃法是熬制"石花冻"。石花冻灰中带白，晶莹剔透，调以蜂蜜、糖水，口感脆嫩清爽，是盛夏消暑降温的首选。上等石花菜熬出来的海凉粉，状如水晶，入口脆爽，能够品出大海的清新气息而绝无腥咸杂味。

◎ **石花菜凉菜**

夏季是采摘石花菜的旺季，捞出来，装盘，拌上蒜末、姜米、椒丝，浇上酱油、醋，滴点香油，一盘凉菜，鲜莹莹地呈现在面前。吃到嘴里，虽然不香不甜，但葱脆，清凉，很是爽口，是海边人夏日餐桌上不可缺少的一道凉菜。

石花菜的传说

从前，有一位美丽的渔姑，名叫石花，与丈夫一起在海边平凡而幸福地生活着。一天，丈夫出海打鱼，海上起了大风浪，石花心中惦念，来到海边眺望归帆。忽然，巨大的浪头卷上岸边，将多情的石花无情吞噬。风平浪静之后，人们来到海边，蓦然发现石花落水之处的礁石上长满了红艳艳的海藻，缠绵而纠葛，柔弱而美丽，仿佛诉说着石花姑娘对于生活的无尽眷恋。为了怀念她，人们把这种海藻命名为石花菜。

"蓝色贵族"——海茸

近年来，餐饮界中流行着一个新名词——"蓝色食品"，专指那些来自蓝色海洋，尤其是寒带深海区的无污染纯天然植物。在这些冰冷高贵的"蓝色贵族"中，来自南极的海茸无疑是佼佼者。

——题记

海茸，又称海底龙、龙筋菜，是海藻中褐藻类里一种营养丰富、口感鲜美的绿色天然食品。根据对海茸株体不同部位的加工、分割，又可将其分为"海茸头"、"海茸筒"、"海茸丝"、"海茸条"等。海茸除含有许多高于陆地植物的营养成分外，更具有海洋独有的20多种营养元素，是一种国际性健康食材，在中国台湾和新加坡、日本、韩国等地很受欢迎，一些机关、医院经常采用海茸作为制作保健餐的主料。

海茸对生长环境和条件要求非常苛刻，全世界仅智利南海沿岸未经任何污染的海域中才有少量生长，且生长周期较长，3~5年才能达到采割条件。因此，它属于世界限制性的开采资源，即使是旺季，每年的产量也只有150吨。

↑海茸

女性养颜圣品

随着年龄的增长，人体胶原蛋白含量会逐渐流失，导致真皮的纤维断裂、脂肪萎缩、汗腺及皮脂腺分泌减少，使皮肤出现色斑、皱纹等一系列老化现象，显出老态。

海茸含大量的植物胶原蛋白，是植物中最好的美白、嫩肤、防皱佳品；有抗辐射活性物质，能消除或减轻紫外线的伤害；有丰富的黏糊性纤维，能够提升肠道解毒功能，经常食用有助于排毒养颜；有丰富的铁质，是女性补血的好选择；有大量纤维素，食用少量后即有饱胀感；有岩藻黄质，可以激活UCP1蛋白，促进脂肪分解。海茸不仅可以吃，泡海茸的汁还可以用来按摩手和脸部皮肤，使皮肤嫩滑细腻。从这些女性关注并为之奋斗终生的方面来说，海茸真可以称得上是女性之"密友"、养颜减肥之圣品。

海茸的常见烹调方法

海茸的口感类似于海带，但比海带更脆更有嚼劲，非常适合用来做凉拌菜，因此历来的烹调方法也比较专一。

↑ 凉拌海茸条

↑ 素鲍汁扣海茸条

◎ **凉拌海茸条**

"凉拌海茸"是最常见的做法。先将海茸泡发、洗净、切段，再将蒜拍成蓉，香菜切成段，姜去皮、洗净切成片，然后上锅点火，放适量清水，放入蒜、姜等配料；接着就可将海茸放入，在沸水中快速过捞，沥干后冷却，以增加脆度，最后加入调味料即可食用。

◎ **素鲍汁扣海茸条**

锅内加色拉油烧热，烹入高汤、素鲍汁、素蚝油、味精、白糖、胡椒粉、辣椒丝，放入海茸条烧至入味捞出装盘；将锅内剩余汤汁勾芡，淋油在海茸上，辣椒丝装盘点缀即可。菜品色泽棕红，口味咸鲜带甜，汁香味浓，可谓"素手烹来玉食巧，碧油煎出嫩黄深"。

另类海珍美食
——海蜇、海肠、燕窝

海蜇、海肠等似乎都是一些外形奇特、个性十足的海产品。

海蜇犹如飘逸多姿的摩登女郎，可如果被它吸住，就有中毒的危险；难道美丽的东西总是危险的？

海肠状如蚯蚓，虽然丑陋，却内秀其中，看来真是"不可貌相"……

燕窝滋补，美容养颜……

在人们眼里，它们不仅仅是美食，还是一个个故事，认识它们与人类共生共存的漫漫旅途，或许我们可以更加了解自己。

海中"洋伞"——海蜇

红裙子，白帽子，帽头四周挂帘子；

浮浮沉沉海中游，快活赛过海仙子。

海中算我顶奇巧，红头挂面锦须飘；

貌似鲜花肚无肠，白玉盘外结红疤。

——舟山渔谣《海蜇谣》

海蜇，又名海蛇、红蜇、鲊鱼。海蜇身体犹如一顶降落伞，也像一个白蘑菇，分为伞部和口柄部，伞部隆起呈馒头状，大的直径可达1米。海蜇是一种水母，但体内含有毒液，捕捞海蜇或者贪食鲜海蜇的人常常会中毒，需加工后才可食用。

中国的海蜇按产地分东蜇、南蜇、北蜇等品种。东蜇产于山东烟台，有些肉内含有泥沙，食用碜牙；北蜇产于天津北塘，色白个小，比较松脆，品质属中；南蜇产于广西、福建、浙江，个大色浅，肉厚脆嫩，品质上乘。尤其是宁波慈溪一带，地处钱塘江、杭州湾南岸，得天独厚的自然条件使海蜇大量繁殖又快速成长，民间有"三北雨汪汪，海蜇以砻糠"的谚语。

在中国，海蜇自古就被列入"海产八宝"，晋代张华所著的《博物志》中就有食

↑海蜇

用海蜇的记载，这也说明中国是很早就食用海蜇的国家。早在明代，渔家就已经懂得新鲜海蜇有毒，加工后方可食用。海蜇加工并不复杂，将打捞的可食用海蜇从伞盖下端切断，分蜇头、蜇皮两部分，用海水清洗干净后，经过三次"盐矾"腌制（俗称"三矾"加工）即可食用。海蜇经过"三矾"，即使经过10年也不坏，而且越陈越老，越老越脆，越食之有味。

关于海蜇的传说

海蜇还有一个"海僧帽"的名字，这其中有段有趣的传说：法海因多管闲事拆散白娘子和许仙，间接导致水漫

↑法海和尚（木雕画）

↓海蜇群

金山，害了千万生灵，玉皇大帝一气之下要捉拿他。法海和尚东躲西藏，后来终于找到一个安全的地方——蟹壳，但在仓皇逃跑中，法海不慎将僧帽跑丢了，这就是漂浮在水中的海蜇。

关于海蜇，还有另外一个传说。东海龙王的小女儿爱上了凡人鱼郎，偷偷地逃出龙宫与之结为夫妻，龙王派出了虾兵蟹将去捉拿。眼看着追兵越来越近，龙女忽然发现海面上有一个漂浮的东西，急中生智躲了进去。龙王一怒之下施了个法术，喊道："定！"从此，龙女再也没有从帽子底下钻出来，变成了海里的海蜇。至今，人们揭开海蜇伞一样的盖，还能看到一个面容白皙娇嫩、金丝银发的"少女"，那就是龙女的化身。

据传，龙女遭到父王陷害后，身陷囹圄，愈觉父王残忍，于是她千方百计地搜集海中毒素，等待有一天同父王决一胜负。这也是人们在捉捕海蜇时，稍有不慎便被蜇得一片红肿的原因。传说毕竟是传说，然而捕捉海蜇时需加小心倒是真的。

海蜇两吃

市售海蜇分为海蜇头和海蜇皮两种，都是由海产水母加工泡制而成的。海蜇头口感松脆，海蜇皮有韧性，可以依据各自的特色制成菜肴。

◎ **柠檬海蜇头**

海蜇头是海蜇中的精品，口感及营养价值更上一层。将海蜇头洗净，用刀切成薄片，码

↑东海龙女像

↑柠檬海蜇头

↑老醋海蜇皮

成圆环状，中间放入少许黄瓜丝；将柠檬汁、糖、胡椒粉搅拌均匀，倒在码好的海蜇头上，将切好的黄瓜、胡萝卜、青红椒丝摆在码好的海蜇头上，淋上麻油即可。这道菜色彩鲜艳，味道清新，是夏季解渴去烦闷很好的时令小菜。而且海蜇可以去尘积、清肠胃，保障身体健康。盛夏时期易感染肠炎，适当吃点鲜海蜇不错的选择。

◎ 老醋海蜇皮

老醋海蜇皮咀嚼脆嫩，酸中带甜，清爽无比。老醋凉拌海蜇皮的做法很简单，只要掌握好处理的方法，加上适量的香醋即可。此菜尤其适合秋季食用。海蜇不但含有丰富的蛋白质和维生素，还含有丰富的矿物质，尤其含有人们饮食中所缺的碘。它有美容养颜、预防肥胖、消除困乏之功效。

航海冠军：别看海蜇体型巨大，却是海上漂流的好手。它的游速尽管不是很快，但在长途跋涉的远程赛中，它却能稳得金牌！它只需将体盘朝一侧倾斜，半潜在水区，汹涌奔腾的海流就会带着它到达理想之处。大海里的生物成千上万，但像海蜇这样能毫不费力驰骋大海的，实属一奇。

"听力"超群：李时珍的《本草纲目》一书中记载海蜇"无眼目腹胃，以虾为目，虾动蛇沉"。海蜇没长耳朵，"听力"却出众超群。原来，在海蜇头部的皱折里寄生着许多淡红色的小虾，大小跟红蜘蛛差不多。它们是海蜇尽职的"卫兵"，一旦发现情况异常便迅速地钻进海蜇头部的皱折里，给海蜇通风报信，让海蜇迅速潜入水中。

↑李时珍像

"裸体海参"——海肠

在可乐没有发明之前，我们喝茶；在蛋糕没有发明之前，我们吃馒头；在味精没有发明之前，我们有鲜香的海肠粉。

——题记

海肠，又名单环刺螠。它长圆筒形，色泽肉红，味道独特，因形似蚯蚓，又如鸡肠，故名海肠。在中国只有渤海出产，所以它是烟台、大连等地的特产，那里的人们从前甚至只是把它当做蚯蚓一样的"鱼饵"使用，入菜不过几十年的历史，而在外地人眼里它更是一种见所未见、闻所未闻的稀罕物。海肠生活在海底，如果刮大风可能会被海浪卷到岸边，人们便把它捡回家美餐一顿。海肠子有"裸体海参"的名号，不光因为其外形，也由于它的营养价值比起海参来毫不逊色，尤其是其温补肝肾、壮阳固精的作用，特别受男性的追捧。

↓海肠

鲁菜的"秘密武器"

鲁菜是北方菜的代表，也是宫廷宴席的宠儿。而鲁菜之所以出名，海肠粉功不可没。据说，过去没有味精，胶东大厨却有一个使菜变鲜的秘密武器，他们腰间挂一只小口袋，里面装的就是焙干碾成细末用于调味的海肠粉。菜出锅之前撒上适量，食客吃了会赞不绝口，还纳闷：为什么同样的菜鲁菜会大有不同呢？关于海肠粉的传奇故事民间流传着好几个版本。

版本一：慈禧太后时期，出了一位御用名厨叫福山。老佛爷吃腻了御膳房的菜肴，想着外面天天喊"立宪"、"改革"，不如先在厨房搞个试点，看能不能改好。于是，川湘鲁粤各大家亮相灶台，色香味变尽花样，结果烟台福山一枝独秀，那菜品没有什么特殊的，就是味道诱人。慈禧太后品尝之后大悦，追问众人，味道为何如此鲜美。不成想，满朝上下，无人可知。有人猜想：莫非是掺了罂粟壳？那不等于下毒么！其实是福山早就预备了一罐焙干的海肠粉末，藏在衣角去试菜，等菜快熟的时候偷偷放进去。因为此前海肠子仅仅用来饲养畜类，从未摆上餐桌，因此福山不敢明说。但此后，海肠粉却成了胶东厨师共同的"秘密武器"。

版本二：最初烟台福山人到北京开饭馆的时候，王府井大街上除了"福山馆"，还有一家本地人开的"大名馆"。"同行是冤家"，竞争自然就有了。起初两家的生意差不多，可后来"福山馆"的生意越做越兴隆，许多老主顾走过"大名馆"门口，却脚不停步地径直向排着长队的"福山馆"走去。眼看着门可罗雀，"大名馆"的王掌柜恼火之余又十分纳闷，亲自到"福山馆"一探究竟。一尝人家端上来的菜，味道确实鲜美，于是心生一计，特地宴请"福山馆"卢老板，称兄道弟地寒暄完之后，说明了来意："想送个伙计到贵店学学手艺，就算沾沾你的光。"明眼人一听就知道这是堂而皇之"偷"手艺来了，肯定不能让他得逞，哪知卢老板竟一口答应下来，众人皆不解。"大名馆"特意挑选了一个精明干练的伙计张明到"福山馆"，这个张明外号"一见会"，意思是无论什么菜都是一见就会。不多久，张明炒出来的菜无论色、香、型都足以乱真，却唯独那最重要的鲜味总是差一点。王老板这下可傻眼了，不知道"福山馆"到底藏了什么秘密武器。其实，这奥妙就出在海肠子身上。每年冬天，卢老板返回胶东老家过年时，就趁机大量收购海肠子，然后焙干碾成细末，带回北京城。往桌子上端菜的时候把海肠子末藏在大巾子里，瞅空撒上一点，味道自然就变了。当时没有味素之类的增鲜剂，这海肠子粉就充当味精了。"福山馆"严守着海肠子的秘密，靠着食客的众口相传，生意越做越红火，福山人开的饭馆也越来越多，形成了庞大的"福山帮"，渐渐垄断了京城的餐饮业。

常见的海肠烹调方法

在中国，海肠是鲁菜中的重要原料，它的烹调方法也很多，除了最有名的"韭菜海肠"，还用它来做饺子和包子的馅，可谓一绝。

◎ 海肠水饺

大连人擅长用海肠包饺子。对于饺子来说，拥有怎样的外皮直接决定了它的第一口感。纯手工擀制的饺子皮，口感比较筋道，让你能轻松地用筷子夹起来，又在邂逅唇齿的时候，完美

↑ 海肠水饺

地溢出第一股鲜甜汤汁。但饺子的重点在于馅，馅的重点在于对海肠的处理上。用剪刀一点点快速剪出来的海肠，与整条相比保留了更多自身的脆嫩弹牙，却又具有非常易嚼的奇妙口感。

　　其实，馅的组成非常简单——新鲜海肠、韭菜、色拉油和酱油，就是这些看似平常的材料，组合起来却能够爆发出强大的味觉冲击力。韭菜是海肠饺子里最重要的配角，味道鲜明，却丝毫没有夺味。海肠的鲜美爽脆，韭菜的四溢清香，极其完美地融合在一起。那是一种清鲜而柔和的鲜美，天然并且细腻，与味精之类的调味品硬生生捏造出来的鲜美假象完全不同。

◎ **韭菜炒海肠**

　　韭菜炒海肠是鲁菜菜系中很有特色的小海鲜。早春的海肠，配以头刀嫩韭菜，特点就是一个字：鲜。海肠必须是活的，用剪刀将海肠两头带刺的部分剪掉，把内脏和血液洗净。炒时动作要快，使海肠肉保持鲜脆，否则就变成"胶皮管子炒韭菜"了。海肠子有个外号叫"七秒沙虫"。沙虫是海肠的别名，所谓七秒，就是鲜海肠扔到热锅里，七秒之内必须出锅，否则就老。

　　韭菜和海肠含有人体所需的多种微量元素，具有滋阴、健肾之功效，是一道特别适合男士的菜，是早春最佳的下酒肴馔。远在明朝年间，生活在烟台芝罘岛的渔民，每到大年，家家户户都要用韭黄、海肠、猪肉、鲜鱼为主料，熬制成一个大菜，取其谐音"长久有余财"，以寓来年获得更大丰收。后来，此菜传至饭店，因原菜是大杂烩之类，厨师感到十分不雅，遂对它进行改进，单取韭黄与海肠烹炒，称为"韭黄炒海肠"。这道菜品以鲜嫩味佳、清鲜爽口见长，在清末民初的烟台餐馆中极为流行，至今仍为烟台的名菜之一。

↑ 韭菜炒海肠

奇珍燕巢——燕窝

海燕无家苦，争衔小白鱼。却供人采食，未卜汝安居。

味入金斋美，巢营玉垒虚。大官求远物，早献上林书。

——清·吴伟业《燕窝》

↑燕窝

↓郑和雕像

燕窝，又称燕菜、燕根，历来被看做美食极品和驻颜圣品。它并非普通燕子的巢窝，而是由生活在东亚和东南亚的部分雨燕与金丝燕，用唾液混合着海藻、自身上的绒羽和柔软的植物纤维等做成的巢穴。其形如半碗，内部如丝瓜络，洁白晶莹，富有弹性。

燕窝的"发迹"

相传，燕窝是由明朝航海家郑和下西洋时带回中国的。郑和所率领的船队在海上遭遇风暴，被困于荒岛，食物紧缺，无意中发现了峭壁上的燕窝，遂以其充饥。数日后，船员个个脸色红润，中气十足，于是郑和回国时就带了一些进献给明成祖，燕窝自此一举成名，身价倍增，成为宫廷大户每日必备的补品。乾隆几次下江南，每日清晨，御膳之前，必空腹吃冰糖燕窝粥。一直到光绪朝的御膳，每天都少不了燕窝。

《中华饮食文库》曾介绍了一份"慈禧寿席"的菜单，在十几道菜肴中，燕窝菜竟占了6道，可见燕窝的身价之高。《红楼梦》中燕窝更是出现了16次之多，以至于清代裕瑞批评其"写食品处处不离燕窝，未免俗气"。其实，若非如此，怎能不动声色地铺陈出"白玉为堂金作马，珍珠如土金如铁"的豪门大家族的奢华气派呢？

燕窝的代价

燕窝按筑巢的地方不同分为"屋燕"和"洞燕"。"洞燕"通常筑于陡岩峭壁，因地势险峻，采集相当危险。尽管如此，由于其在市场上供不应求，遂产生了一种专门的职业叫做"采燕人"。黑漆漆的崖洞壁立在海边，采燕人猿攀蛇行于绝壁之上，不慎跌下摔伤、摔残甚至摔死者，不计其数。因此，燕窝的名贵，除去因其自身确实有滋补功效之外，也有采集不易的因素在内。

↑金丝燕的窝

金丝燕每次做一个窝要半个多月，做完窝后产蛋孵雏燕。但由于人类利益的驱使，导致金丝燕的巢窠每每刚一做好便被采去。一次次筑巢，一次次被采，每年为了建好自己的家园，金丝燕几乎要反复奔波8个月之久。在一些燕窝出产地区，由于人类过度采摘，金丝燕的繁殖受到了严重的影响，导致这个本来并不稀有的物种也出现了生存危机。

后来，印尼华人发明了"屋燕"，巢一般筑在人们特意精心搭建的燕屋上，小燕一个半月长大会飞后，无用的空巢才会被采。吴伟业特地写了《屋燕》叹之："屋燕居家幸，晨昏往返勤。空巢人始采，骨肉掌中亲。玉盏施颜丽，珍馐润肺阴。古来皇帝享，今日属平民。"相比于海燕的"无家苦"，屋燕确实要幸运得多。

燕窝的烹调方法

燕窝一直以来被认为是高档滋补品，但却不可随意食用。清代著名诗人与美食家袁枚在《随园食单》中有言："此物至清，不可以油腻杂之；此物至文，不以武物串之。"由此，清汤燕窝和冰糖燕窝便成了最受推崇的两种做法。

◎ 清汤燕窝

清汤燕窝素有"食界无口不夸谭"的美誉，是官府菜肴——谭家菜中的明珠。用以煨燕窝的是汤清如水、色如淡茶的清汤。《调鼎集》中记载，清汤燕窝衬以鸡脯、火腿片、鸽蛋、野鸡片、核桃仁、火腿等同制，待所有入汤食材的营养与美味全部融入汤中后，才会过细筛，出醇汤。这也正体现了袁枚先生主张的"以柔配柔，以清入清"的原则。

◎ 冰糖燕窝

冰糖燕窝也叫蜜汁燕窝。冰糖能补中益气、和胃润肺、止呕化痰，配合燕窝正是夏季的滋补佳品。《红楼梦》第45回写宝钗因黛玉多咳，便取自家的燕窝劝黛玉食冰糖燕窝粥，这是当年只有皇家贵族才能享用得到的奢侈食品。将发好的燕窝放入碗内，勺内加入清水，

↑清汤燕窝

↑冰糖燕窝

放冰糖屑溶化，打去浮沫，浇入燕窝碗中，撒上山楂糕丝、香菜段便成。

◎ **一品官燕**

金丝燕第一次筑的巢，质地纯洁，一毛不附，是燕窝中的上品，在封建王朝时代，常常被选出来作为进献的贡品，因此取名"官燕"。一品官燕属于津菜菜系，是一道用氽的技法烹制而成的上等汤菜。此菜的关键在于汤，选用鸡肉、鸭肉、牛肉等原料经过吊、提、套、双套等环节，经10多个小时的炖制方可。老天津堪称食不厌精、脍不厌细的"美食之都"，因此很早就诞生了这样的顶级菜品。

↑一品官燕

血燕的"骗局"

燕窝中有称为"血燕"的，传说是因为金丝燕未完成鸟巢，忍着不产卵，吐血而成。其实，血燕是洞燕的一种，是金丝燕筑巢于山洞的岩壁上，岩壁内部铁元素为主的矿物质透过燕窝与岩壁的接触面或经岩壁的滴水，慢慢地渗透到燕窝内而使燕窝呈现晕染状的铁锈红色，此乃血燕。其实是为了迎合消费者对"血燕"的追捧，进而抬高燕窝价格，从中牟利。

↑血燕

生活，少不了美食相伴。那些带着自然、丰腴、清新滋味的海鲜，伴随着流传已久的故事与传说，总是留给我们无限的回味和遐想，带给我们充实的生活之乐……

　　让海珍唤醒你的味蕾，吸引你的视线，愉悦你的身心。品味着《海珍食话》，让往事，随着海风，飘散……

致　谢

　　本书在编创过程中，济南汇海科技有限公司在图片方面给予了大力支持，在此表示衷心的感谢！书中参考使用的部分文字和图片，由于权源不详，无法与著作权人一一取得联系，未能及时支付稿酬，在此表示由衷的歉意。请相关著作权人与我社联系。

　　联 系 人：徐永成

　　联系电话：0086-532-82032643

　　E-mail：cbsbgs@ouc.edu.cn

图书在版编目（CIP）数据

海珍食话／杨立敏主编. —青岛：中国海洋大学出版社，2012.5

（人文海洋普及丛书／吴德星总主编）

ISBN 978-7-5670-0004-9

Ⅰ.①海… Ⅱ.①杨… Ⅲ.①海产品-饮食-文化-中国-普及读物 Ⅳ.①TS971-49

中国版本图书馆CIP数据核字（2012）第088837号

海珍食话

出 版 人	杨立敏			
出版发行	中国海洋大学出版社			
社　　址	青岛香港东路23号			
网　　址	http://www.ouc-press.com		邮政编码	266071
责任编辑	由元春　电话 0532-85902349		电子信箱	youyuanchun67@163.com
印　　制	青岛海蓝印刷有限责任公司		订购电话	0532-82032573（传真）
版　　次	2012年5月第1版		印　　次	2014年3月第2次印刷
成品尺寸	185mm×225mm		印　　张	10
字　　数	67千		定　　价	29.80元